高獲利行銷實務課

小公司及個人品牌都應該知道的B2B集客密技

新規顧客が勝手にあつまる販促の設計図

中野道良／著
王美娟／譯

前言

不接轉包案，也不僱業務員。但客戶仍會自動上門的箇中祕密是什麼？

非常感謝你拿起這本書！

我是一位中小企業老闆，經營的是廣告製作公司，擁有10幾名員工，營業額約2億日圓。業務是承包小冊子與網頁等宣傳物的製作，客戶為公司行號。近來受到「出版業不景氣」與「無紙化」的影響，印刷製作物的需求持續減少，陸續有公司因而倒閉。另外，全日本的網頁製作公司據說多達1萬家（包括自營業主在內），競爭非常激烈，無疑是典型的「紅海」市場。

在這樣的環境下，本公司的營收與利潤依舊幾乎年年成長，這背後其實是有原因的。第1個原因就是「不接轉包案」。本公司的客戶以上市企業及非上市的中堅企業為主，我們與客戶都是採取100％直接交易。不僅利潤率高，而且因為客戶能以合理價格取得高品質的製作物，最終也能增加回購訂單，獲得穩定的業績。

至於第2個原因則是「不僱業務員」。本公司擁有讓新客戶自動上門的機制，所以並未設置業務部門。如此一來就能削減銷售管理費，而多出來的預算就可以投資在廣告宣傳等行銷上。

「但是，不接轉包案的話工作會減少吧？」

「不僱業務員，有辦法開發新客戶嗎？」

有些讀者或許會萌生這樣的疑慮。不過請放心！這是因為，就連缺乏人脈，也沒做過業務員的我都辦到了。

因二次轉包商倒閉，
決定「不接轉包案」並且自行創業。

我從東京某私立大學畢業後，便到印刷公司工作。不過，我的職業並非業務員。當時我分發到印刷工廠，在第一線從事製版工作，也就是製作印刷用的底片。我在那裡認識了平面設計師這項職業，並且下定決心要成為設計師。在印刷公司待了整整2年後決定辭職，一邊當飛特族一邊念設計專門學校。由於自己沒經驗，轉換跑道非常辛苦，所幸認識的自由設計師正好成立公司，開出月薪12萬日圓的待遇僱用了我。這是我26歲時的事。

我在這家公司任職約10年，真的學到了許多東西。

公司接到的工作幾乎都是轉包案。如果只是一次轉包還算好的，有時還會接到二次轉包、三次轉包的案子。當時正值平成通貨緊縮時代，每年預算都會遭到刪減。有時還會碰上強人所難的要求，例如傍晚才要人在隔天早上之前將案子修正好。不消說，即便成品很棒，轉包的設計師也得不到原始業主的肯定。

「就算繼續接轉包案，也看不到未來吧……」

我抱著這樣的想法，度過忙碌的每一天。

但就在某天，將案子二次轉包給我們的編輯製作公司，突然付不出款項了。

我猜那家公司也是資金周轉有困難。受到這件事的影響，我任職的三次轉包公司眼看就要倒閉了……。雪上加霜的是，大概是勞心焦思的緣故，老闆在這個時候因蜘蛛網膜下腔出血而住院。之後，那家二次轉包商終於倒閉了。身為第二把交椅的我為了籌錢東奔西走，並且不斷拜訪總承包商接洽工作，公司才勉強恢復正常營運。

這段經驗，致使我對未來下了重大決定。

「絕對不接轉包案，也不需要只是把工作從A轉給B的業務員！」

我跟自己約定好，後來就自行創業，成立現在經營的公司。

每年投資約40萬日圓的廣告費，7年內達成銷售額超過3億日圓的成績！

創業之前，有件事令我非常擔心。

「不接轉包案，有辦法找到客戶嗎？」

即便是工作再能幹的人，若是找不到客戶，也依舊無法創造出業績。我對工作品質很有自信，但實在沒信心能夠找到輕易發案給創業菜鳥的公司。

此外，我也沒做過業務員，口才又不好，不擅長說話⋯⋯。不過，我知道有個方法正適合這種類型的人。那個方法就是直接回應行銷（Direct Response Marketing）。

所謂的直接回應行銷，用一句話來解釋就是「透過廣告宣傳，讓顧客主動上門」的技術，而且用不著強迫推銷。以我們最熟悉的媒體來說，電視購物便是採用這種做法。

這個方法通常都是用於一般消費者，也就是以B2C為主，而我嘗試將它應用在B2B上。2005年創業當時，已有部分B2B企業開始採用這個方法，但仍只是少數派。B2B銷售以電話行銷或展示會、講座等方式為主，特別投注心力在網路行銷上的B2B企業並不多。

本公司雖然是中小企業，但投資在行銷上的預算，相當於僱用業務員的人事費用。花費的金額應該超過1億日圓了。不消說，我當然也有過許多失敗經驗。例如：聽從廣告公司業務員的建議，花了60萬日圓刊登報紙廣告，結果卻完全沒獲得反應⋯⋯。嘗試傳真DM，結果挨罵：「這樣很浪費紙，別再傳了！」此外也試過電話行銷，但抗壓性很差的我做不來，很快就放棄了。不過，當中還是有大獲成功的好點子。

我想透過本書，毫無保留地公開其中最有效果的「6種手法」以及運用這些手法的訣竅。

舉例來說，當中有個手法是「關鍵字廣告」（參考Chapter 5）。本公司的某項商品，每年花費約40萬日圓的廣告費，7年下來總銷售額超過3億日圓。由於這項商品的持續性很高，每當公司與新客戶開始交易，年營業額便會增加。講得誇張一點，只要能夠維持並提升品質，業績就會永遠成長下去。

不過，實際上的確也有許多企業運用「關鍵字廣告」卻毫無成果。即使支付高額費用給經驗豐富的網路顧問公司，業績也完全沒有提升，這究竟是為什麼呢？

成果之所以不同，原因只有1個：因為我有「行銷設計圖」。不光是集客而已，我還根據潛在客戶的心理與行為徹底進行追蹤，努力創造銷售機會才有這樣的成果。

「老闆，要是同業把我們的祕訣學走了，那該怎麼辦！」

準備出版這本書時，曾有幾名幹部級的員工提出嚴厲的反對意見。

至今我見過許多提供出色的商品，卻因為銷售方式不佳而得不到成果的公司。支援這種「讓人想要珍惜的企業」成長茁壯，是本公司的使命。希望你讀完這本書後，能夠畫出自己的「行銷設計圖」，建構出自動開發潛在客戶，穩健地提升業績的機制。

目錄

Chapter 1

為什麼
中小企業賺不了錢？

01 做轉包工作是永遠無法富有的

脫離轉包金字塔，直接向最終使用者銷售

各位看過「下町火箭」這部電視劇嗎？這部作品改編自池井戶潤的同名小說，描述帝國重工的承包商——佃製作所的員工們奮鬥不懈的模樣。其中有個橋段，是帝國重工的員工要測試佃製作所開發的產品。當時會計部部長殿村回嗆帝國重工的人：「我們才不會讓只能作出這種評估的公司，使用我們的專利。」想必不少中小企業老闆看到這一幕時，都覺得非常痛快吧？筆者也是一邊流著淚一邊觀賞這部電視劇。不過，看完電視劇後，自己也會冷靜下來想一想：「現實中真有這樣的美談嗎？」

事實上，一流的轉包企業確實是存在的。例如中央處理器大廠英特爾（Intel）、馬達的全球市占率名列前茅的日本電產、汽車製造商的供應商電裝（DENSO）與愛信精機（AISIN SEIKI）等等，都是水準跟承包企業差不多或是更加厲害的公司。不過，這樣的例子只占一小部分而已。總承包商與下游承包商要建立雙贏關係是極為困難的事，絕大多數的轉包企業都經營得很辛苦。

筆者待了約10年的設計公司也是如此。這家公司是從公寓的一個房間裡開始起步，最初成員只有我與老闆2人。除了老闆的熟人所介紹的客戶外，其餘有8成以上都是轉包的工作，這些案子來自廣告代理商、印刷公司、編輯製作公司、同業的設計公司。而且，如果是一次轉包倒也罷了，但二次轉包、三次轉包的情況卻也不少，例如某大企業要製作小冊子，總承包商（一次承包）是印刷公司，二次承包商是廣告代理商，三次承包商是編輯製作公司，筆者任職的設計公司則是四次承包商。而且，實際負責企劃與製作的是我們。工作幾乎都是「原封不動」地轉包給我們，這樣的現實讓人既傻眼又無奈。

▶ 圖 1 - 1　**筆者經歷過的轉包金字塔**

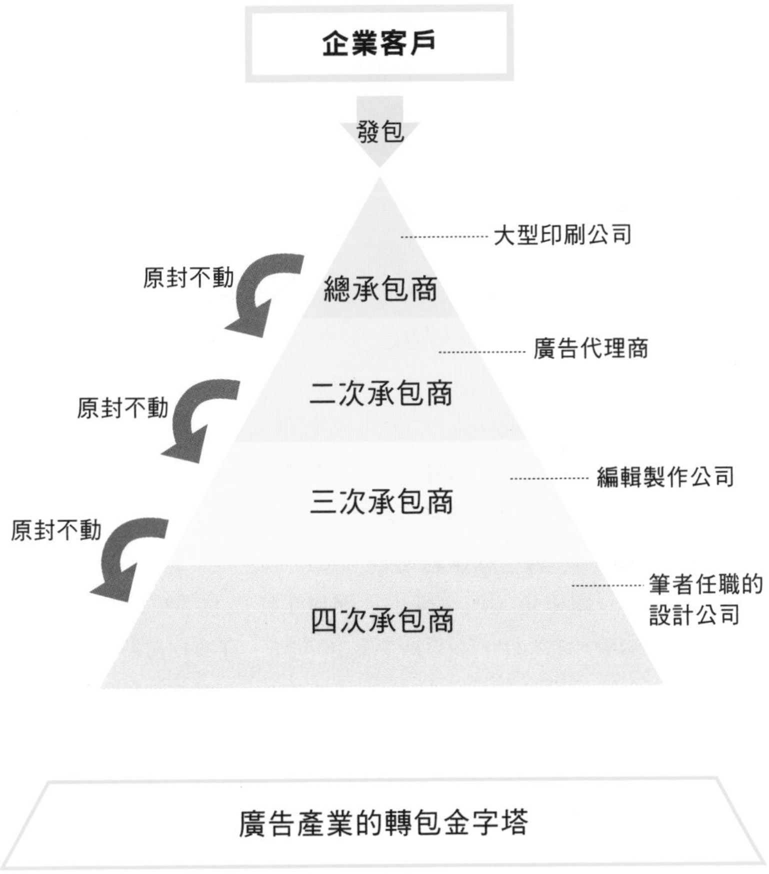

所幸，雖說當時泡沫經濟已經破滅，但通貨緊縮尚未成為社會問題，剛開始從事這份工作時，即便是四次承包商仍賺得到足夠的利潤。然而到了被稱為「失落的10年」、「失落的20年」的時代，日本依舊處於通貨緊縮狀態，製作費幾乎每年都會遭到削減。在「轉包金字塔」中層級愈低者，受到的負面影響愈大。

「只要做轉包，就永遠賺不了錢。」

「就算成品很棒，轉包商也沒有未來可言。」

我就是在這個時候，萌生出這種近似死心的心情。

各行各業似乎都存在同樣的現象。如果是「原封不動」地將工作轉包出去，客戶必須負擔原本不必支付的額外成本，而接到這種案子的轉包企業，不僅得費心勞力，還得不到足夠的報酬。之前就有大型不動產公司爆出建築弊案。雖說被迫削減成本而偷工減料的轉包商確實有錯，但追根究柢，真正的問題也許就出在轉包金字塔的結構上。

轉包企業面臨4大問題。

①價格被砍而沒有利潤

②被迫接受不合理的工作日程

③員工的不滿擴大，導致離職者增加

④公司沒有未來可言，經營弱化

上述問題，只要不做（或是減少）轉包工作幾乎都可以解決。也就是說，不要當轉包商生產零件，而是成為總承包商，直接向最終使用者銷售最終產品。中小企業反而比較適合無廠型（沒有自己的工廠）事業或貿易事業。也就是針對社會的需求，迅速進行企劃與研發，至於製造與生產等後工程就拜託具備資本的大企業。不過，這個方法必須留意1個重點，那就是行銷。中小企業要跟上市企業或大企業交易，目前難度依舊很高。而解決這個難題的工具，正是本書介紹的「行銷設計圖」。

▶ 圖1-2　IT系統產業的轉包金字塔

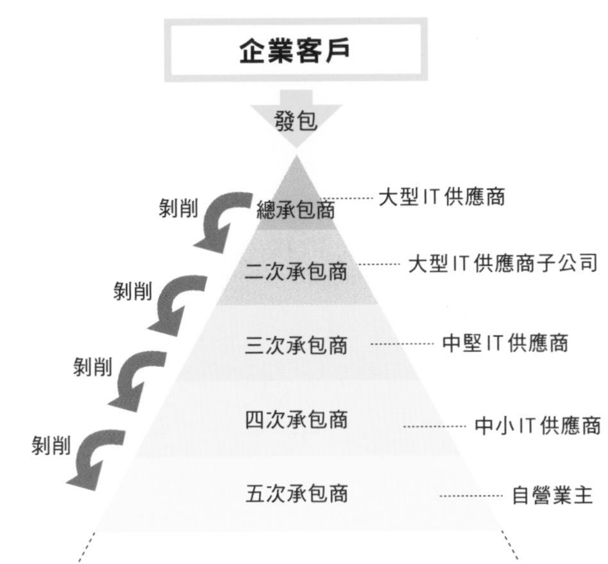

▶ 圖1-3　成為總承包商直接向客戶銷售最終產品

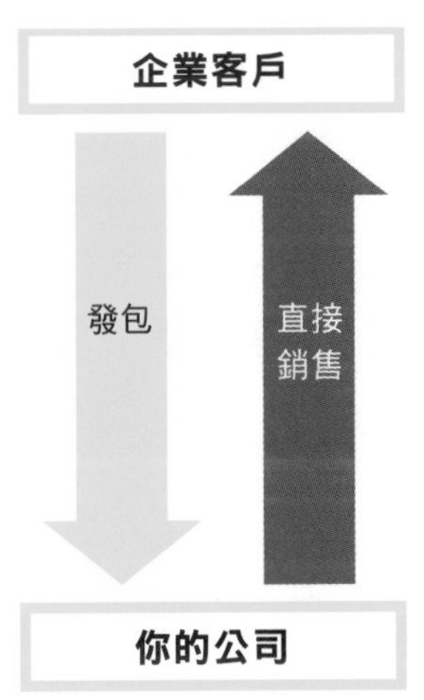

02 不過度期待業務員的努力

不需要業務員!?將人事費投資在行銷上

企業為什麼需要業務員呢？這是因為，要得到洽談生意的機會，企業必須主動向客戶招手才行。反過來說，只要建立客戶會主動向企業招手的機制，就不需要業務員了。

話說回來，僱用1名業務員，1年需要多少費用呢？如果是還算「能幹」的人才，假設年薪600萬日圓，再加上公司要負擔的社會保險費與各種經費以及徵才成本的話，第1個年度可能要花1,000萬日圓左右。雖說只要業務員貢獻給公司的業績能超過人事費就好，但要在面試時看出對方是否具備銷售能力並不容易。就算錄用了優秀的業務員，還得支付高額的報酬以防止他們辭職。更不用說，要將不會賣東西的業務員培養到會賣東西，幾乎是不可能的事。換言之，靠業務員製造業績，是風險很高的方法。另外，有些公司會訂出基本業績，或是強迫業務員撥打推銷電話，但現代的客戶並不想遇到過度推銷。現在已經不是業務經理大罵「沒接到訂單，就不准回公司！」，業績就會成長的時代。

而且，用來提高業務員動力的佣金制度也存在另一個問題。能幹的業務員為了保住自己的地位，有時會故意留一手，在公司內部製造無謂的緊張感。基於上述的原因，建議中小企業不要過度期待業務員的努力。

若要開發新客戶，就得擬訂有系統的行銷策略，設法讓新客戶主動洽詢，而且任何人都能將商品賣出去。要實施這種行銷，就需要「行銷設計圖」。

► 圖1-4 將僱用業務員的費用投資在行銷上

同樣都是投資1,000萬日圓，你會選擇哪一邊？

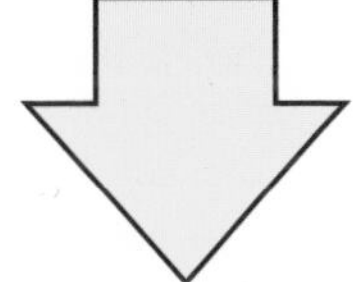

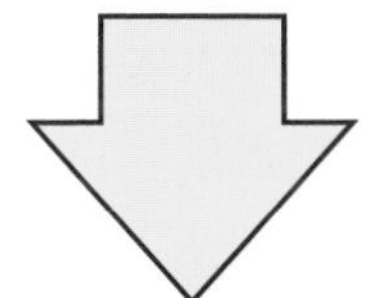

□ 業務這項職務，真有必要存在嗎？

大多數的企業都會分別設置服務客戶的業務部門，以及負責技術、研發、生產的製造部門。在供給趕不上需求，生產愈多賣得愈多的時代，這種做法是很有效率的。只要將新進員工分發到各個部門，讓他們分攤工作並且從中學習，就能使他們早點成為戰力。給人好印象的人才就分發到業務部門，具備第一線所需技術的人才則分發到製造部門。業務員負責拜訪客戶、製作報價單、管理日程並且對第一線下指示。至於製造部門，則專門負責製作產品。現在應該也有許多公司採用這種組織體系。

然而，最近情況卻有所轉變了。隨著網路的普及，客戶不再需要聽業務員口頭說明。客戶在研究商品時，只要上公司網站就能蒐集到足夠的資訊。如果想知道詳情，也可以透過電子郵件或郵寄方式取得相關資料。換句話說，還沒見到業務員，生意就談成的情況變得愈來愈常見了。此外，由於網路會議系統普及，當面洽談生意的價值變低了。業務員遇到技術方面的問題很難立刻回答，所以需要將問題帶回公司討論。這樣非常浪費時間。由熟悉研發或技術的員工來洽談生意，反而更能提高客戶的滿意度，這是很矛盾的現象。

另外，業務組與研發組從以前兩者關係就不好。謀求業績與利潤的業務員，與想要提升品質或價值的研發員，本來就是難以兩全的關係。雖然對老闆而言這是很重大的決定，不過解散業務部門，對公司與員工而言或許比較有利。事實上，筆者的公司就沒有業務員。我們將僱用業務員的成本，投資在自動產生新客戶的行銷上，至於案子則由設計師或寫手去洽談。我們不會強迫推銷，所以雙方都沒有壓力。客戶認為我們「對於要求或問題能夠當場解決，回應速度很快」，因此給予本公司很高的評價。

▶ 圖1-5　少了業務員生意就能談得快又有效率

有業務員時……

沒有業務員時……

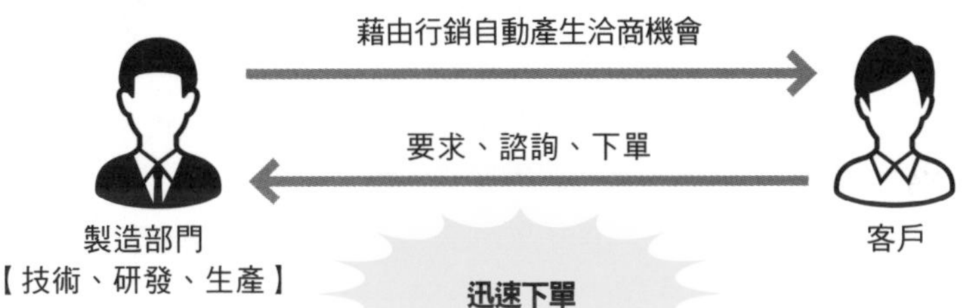

你的公司	企業客戶
・沒有業務員，人事費用得以削減 ・組織內部的資訊流通可獲得改善 ・有效率地提升營業額與利潤	・能迅速應對要求或諮詢 ・成交前的流程很迅速 ・滿意度大幅提升

03 不過度相信網路行銷

雖然很有魅力，但得不到成果……不要敗給誘惑，應冷靜分析

現在網路行銷正流行。不光是B2C，對B2B事業而言網路也是不可或缺的工具。2019年日本的總廣告費為6兆9,381億日圓，網路廣告費就占整體的30.3%（電通調查）。而且，這幾年仍持續增加。

跟電視廣告、報章雜誌等大眾媒體相比，網路行銷確實比較容易導入。不僅能先以1個月幾萬日圓的預算開始運用，可一邊測定成本效益一邊投放廣告這點也很吸引人。除了SEO對策外，還有搜尋連動型的關鍵字廣告、運用自有媒體的內容行銷等等，各種運用影片或社群網站的手法陸續登場，使得企業對網路行銷的關注與期待逐漸高漲。但是，也經常有人提出質疑，認為投資網路行銷完全沒有效果。

「雖然委託Google認證的廣告代理商，業績卻沒成長。」

「就算詢問顧問，也聽不太懂對方在講什麼。」

如同上述，企業對廣告代理商或顧問公司感到不滿的情況愈來愈常見。為什麼會這麼難得到成果呢？

在已普及20幾年的網路領域，由於市場急速擴大，不僅缺乏優秀的人才，也有很多公司是由沒什麼經商經驗的年輕創業家開設的。另外，當中還有因為「能賺錢」而進場的企業，這些公司雖然擁有豐富的技術知識，但對企業客戶的商業模式、使用者的心理與行為並無充分的了解。網路行銷公司通常只擅長某個方面，因此大部分都是以銷售自家服務為前提向客戶提案。不少企業客戶因而將預算花在不需要的服務上。總而言之，問題在於發包對象的選擇。

► 圖1-6　**網路行銷有各式各樣的發包對象**

大型綜合廣告代理商

社群行銷公司

網路顧問公司

SEO業者

影片製作公司

Google認證關鍵字廣告代理商

網頁製作公司

自有媒體代營運公司

大型廣告代理商

網路顧問

年輕IT創業家

業績會成長喔

但是……

業績沒有成長

你的公司

□ 起因於發包者的各種問題

第1個問題是，投資偏重於網路行銷。透過展示會或講座建立接觸點，以及電話行銷等方法對某些產業是有效的。如果是傳統的產業，與其為了網路行銷傷腦筋，有時向決策者發送直郵廣告反而更容易得到成果。重要的是，要了解自家公司的產品、服務與業態，以及決策者的屬性與行為。

第2個問題是，因為發包對象是有實績的大公司，就把事情全丟給對方處理。有些規模很大的承包商，不會認真執行1年的預算低於1億日圓的案子。以B2B來說，不少公司1年投資在網路行銷的金額，大約是幾百萬日圓～2,000萬日圓吧。建議選擇合乎自家預算的發包對象。請本公司操作關鍵字廣告的，多為老闆獨力經營的一人公司，而且確實都能收到成果。

第3個問題是，公司的經營高層漠不關心。本來網路行銷的目的，就是提升業績。網路是一種能自動與全世界的客戶建立接觸點、槓桿效益極佳的媒體。只要豁出去投入預算，大多可以得到超乎預期的報酬。因此，許多事需要具決策權的經營層一同出席，立刻做出決定。說個題外話，網路行銷負責人的人選，比起熟悉系統的員工，對使用者的心理與行為很敏感的員工更適任。

第4個問題是，公司網站的製作、SEO對策、關鍵字廣告的投放，個別發包給不同的業者。乍看似乎有分散風險的好處，但這樣一來就無法實現整體最佳化了。企業聽了擅長單一服務的業者推銷後，往往會覺得這些都是需要的服務。如果請一名優秀的外部行銷人擔任負責人，根據整體預算的分配進行討論的話，應該更能做出成果才對。

網路行銷終究只是工具。既然是工具，能否靈活運用就取決於人的能力。冷靜地掌握自家公司的產品、服務以及客戶的心理，並且縱觀行銷活動是很重要的。

▶ 圖1-7　**承包商的4大課題**

▶ 圖1-8　**發包者的4大課題**

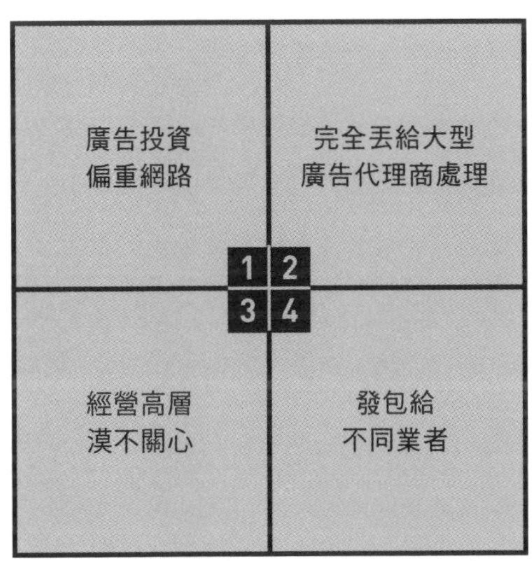

Chapter 1 重點整理

為什麼
中小企業賺不了錢？

「轉包」的課題

- [ ] 在轉包金字塔中層級愈低者，經營得愈辛苦
- [ ] 總承包商與下游承包商要建立雙贏關係是不可能的
- [ ] 要成為總承包商，不可缺少高水準的行銷

「業務員」的課題

- [ ] 靠業務員製造業績的風險很高
- [ ] 能夠招募到會賺錢的業務員機率很低
- [ ] 有業務員介入，反而會浪費時間

「網路行銷」的課題

- [ ] 經常有人質疑投資之後卻沒看到成效
- [ ] 門檻很低的網路廣告，其實是條困難重重的道路
- [ ] 必須具備選擇需要的服務與發包對象的「眼光」
- [ ] 發包給不同業者是無法實現整體最佳化的

Chapter 2

令洽商機會倍增的「行銷設計圖」是什麼？

01 令洽商機會倍增的「行銷設計圖」是什麼？

分成4大階段的「行銷設計圖」

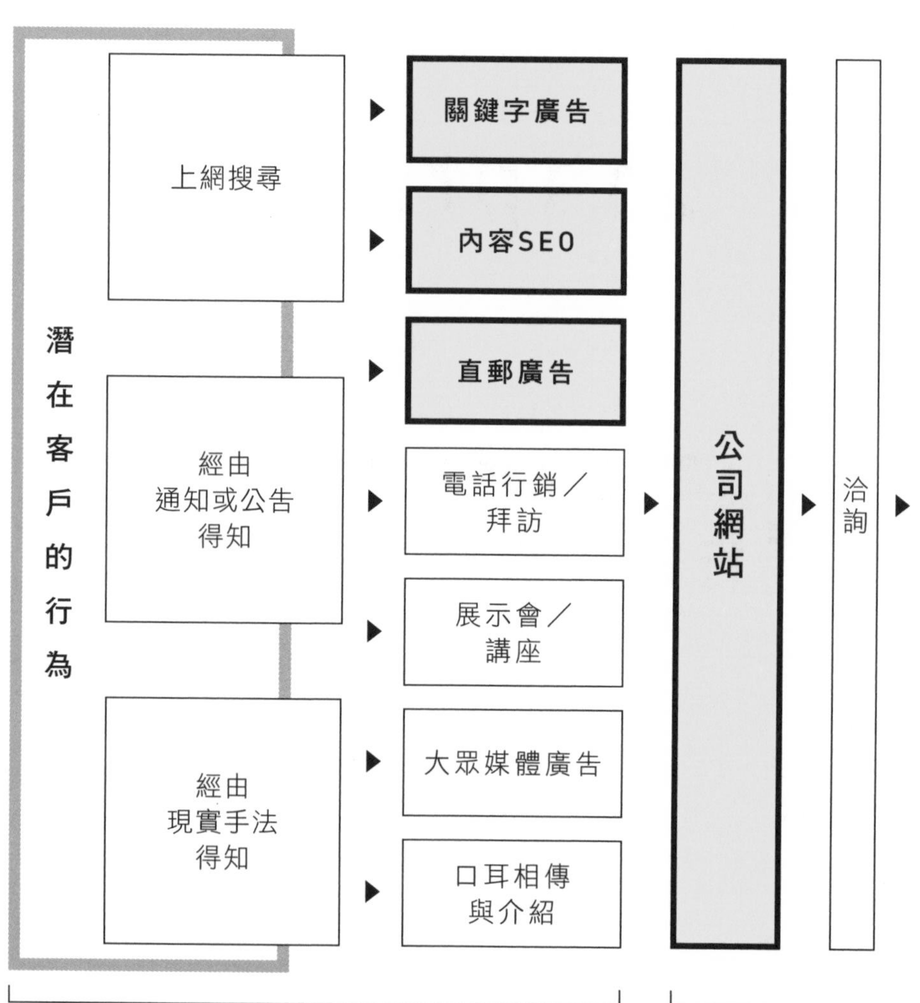

「行銷設計圖」是指製造遇見潛在客戶的機會，使他們產生興趣進而洽談生意，就算這次沒有成交，也會自動創造下一個洽商機會的機制。接下來就為各位說明，若要提升公司的業績，該如何建構設計圖以及對於各項措施的建議。

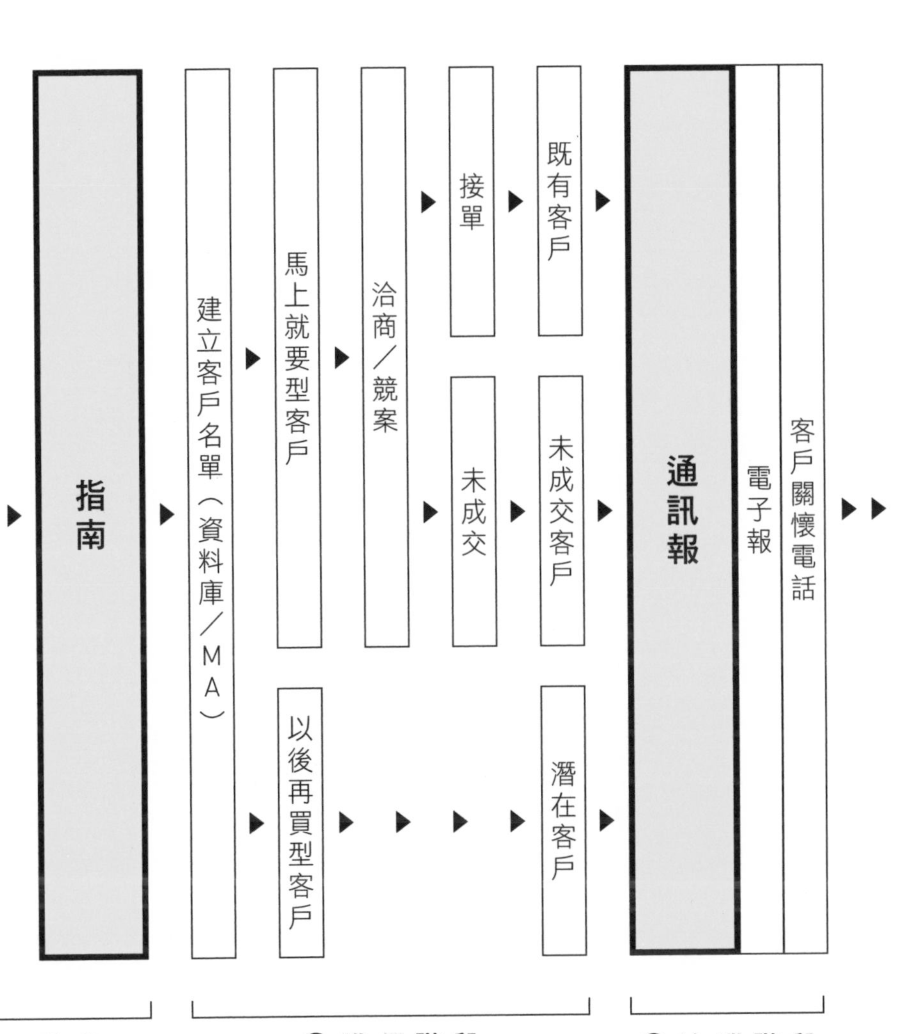

02 建立接觸點的「發掘」階段

□ 把最有助於增加業績的「集客」機制化

在日本這樣的成熟社會，供給總是大於需求，因此想像消費者如何找到商品是很重要的。換言之，行銷比銷售重要，B2B也是一樣的道理。此時需要的並非商品或販售方式等賣方的觀點，而是根據客戶的屬性、心理、行為反向推測，再以最合適的方式告知客戶。筆者將這個整體概念稱為「行銷設計圖」，當中最重要的部分，就是「發掘」階段。

現代的潛在客戶，基本上都很討厭「推銷」。他們的特徵是想自行蒐集資訊，自行選擇商品。因此一般而言，他們最初採取的行動，就是使用電腦或智慧型手機輕鬆地上網搜尋。想跟客戶建立接觸點的企業，便會使用與搜尋字詞連動的關鍵字廣告，或是提供客戶有用資訊的內容SEO等手法。至於現實中蒐集資訊的方法，通常是參加展示會或講座，或者是找同業或熟人商量。當然，只要時機湊巧，企業也是能透過大眾媒體廣告或新聞稿建立接觸點。另外，企業通知客戶的方法，還有電話行銷與直郵廣告，但由於「推銷色彩」強烈，客戶往往會產生戒心。要採用這類方法就得花點心思，例如設計銷售話術的流程、提升撰寫文案的技能等等。

發掘階段即是一般所謂的「集客」，這是對業績最有貢獻的階段，因此無論哪家企業都很感興趣，甚至還出現集客顧問之類的職業。「前言」也有提到，筆者創業之後在集客方面經歷過許多失敗。畢竟競爭企業也會投注心力在集客上，好點子與耐心地試錯摸索是缺一不可的。

▶ 圖2-1

掌握潛在客戶心理與行為的「發掘」階段

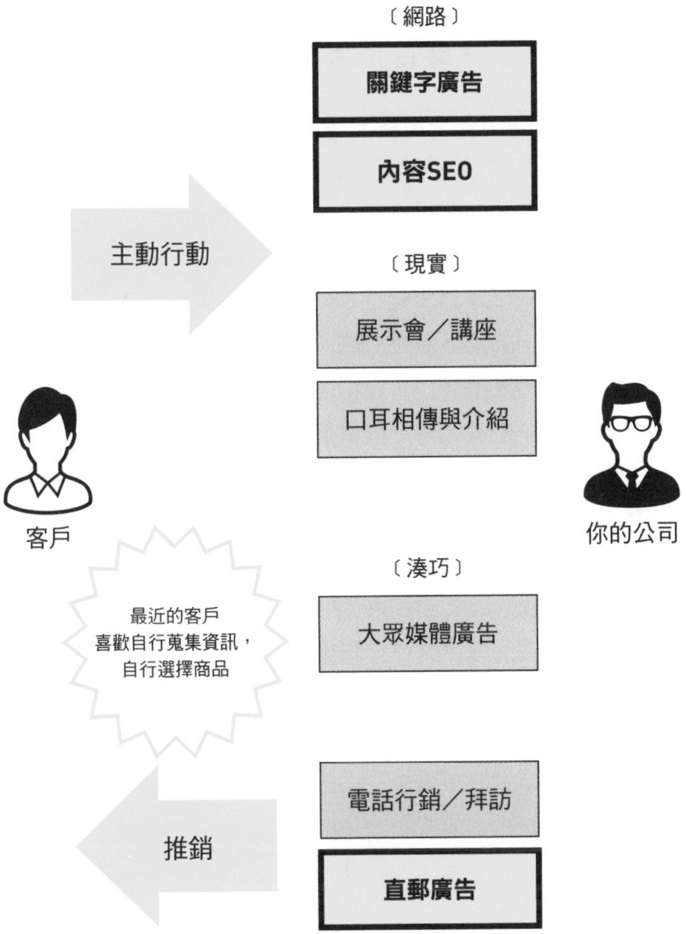

03 引起興趣的「吸引」階段

□ 提供能在日後洽商時占優勢、充滿魅力的內容

在「發掘」階段與潛在客戶建立接觸點後，便要與客戶進行第一次接觸，因此接下來的重點就是如何提高客戶的興趣與關注。此外，為了在日後洽談生意時能比其他競爭者更具優勢，「吸引」階段不可缺少點子力。

點擊關鍵字廣告後，前往商品的到達網頁並且立即購買。或者是看了直郵廣告後，立刻申購商品。以上這些B2C能夠實現的情況，無法套用在B2B的客戶身上。因為B2B的商品價格很高，無法輕易決定購買，必須經過組織評估才行，對商品有興趣的客戶，在洽詢或索取資料之前一定會先造訪公司網站。換句話說，除了商品之外，提供該商品的企業也必須具備價值，這是至關重要的一點。舉例來說，假設商品的到達網頁做得很漂亮，直郵廣告做得很有品味，讓人很感興趣。但是，造訪公司網站時印象卻很差，結果會怎樣呢？本來想洽詢或索取資料的期待感，一下子就消退了。另外還有一個重點就是，要讓造訪到達網頁或公司網站的客戶留下足跡（客戶資訊）。此時不可缺少的、具有魅力的提供物就是指南，至於刊載的內容則是客戶挑選商品時所需的知識或建議。

尤其B2B的客戶，通常會洽詢3～5家企業，有些時候則是透過競案（指名或不指名）來決定發包對象。因此在「吸引」階段，必須讓客戶萌生「一定要跟你的公司交易」的念頭才行。對資本力與實績都不如大企業的中堅企業與中小企業而言，「吸引」階段要在點子上投入比大企業更多的心力。

▶ 圖2-2 把公司網站當作集客站的「吸引」階段

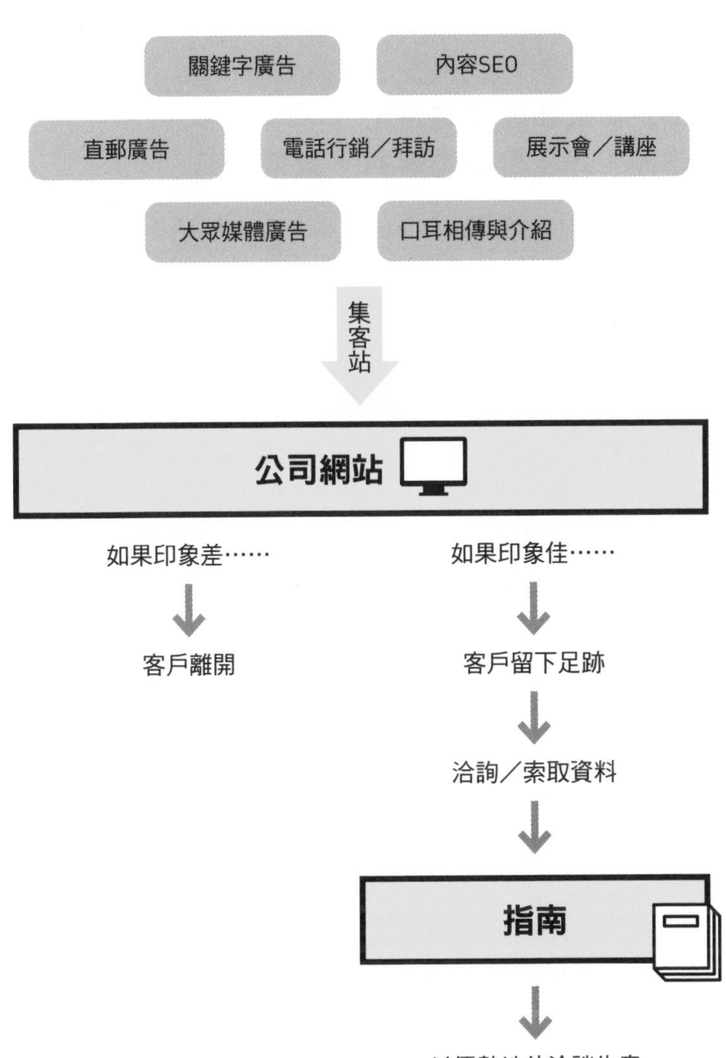

04 創造洽商機會的「獲得」階段

培養「以後再買型客戶」，並且與「馬上就要型客戶」達成交易

假如潛在客戶在「吸引」階段，透過公司網站洽詢或索取資料後，能夠自動建立客戶名單的話就會很方便。應該有不少企業使用Excel來管理寄過電子郵件的客戶資訊，但這個方法的缺點是要花時間與勞力輸入，而且難以掌握業務銷售活動的全貌。另外，資料不易分享，導致管理者無法掌握進展情況。而且，在之後的「追蹤」階段要運用潛在客戶名單也很麻煩。建立資料庫雖然也是可行的，不過筆者更推薦導入行銷自動化（Marketing Automation，以下簡稱MA）（參考2-9）。

話說回來，潛在客戶可分成「馬上就要型客戶」與「以後再買型客戶」。「馬上就要型客戶」是指想要的產品或服務很明確，能夠立即洽談生意的客戶。通常交期也已經訂好，需求已顯在化。提供商品的企業很有可能爭取到業績，因此必須迅速回應客戶。如果下單就成了「既有客戶」，可期待業績進一步增長，如果沒有成交就成了「未成交客戶」。

至於「以後再買型客戶」是有點棘手的存在。預算與交期都不明確，甚至不確定有無購買意願。也有可能單純是「只看不買」。這種客戶在蒐集資訊的階段特別常見。有的是想變更交易對象，有的是接到上司指示才著手研究商品。

在「獲得」階段，要與「馬上就要型客戶」進行第一次接觸，並且做好接單的準備。不過，對於「以後再買型客戶」與「未成交客戶」，企業往往會忽略他們。之後要記得將他們培養成「馬上就要型客戶」，或是新的「潛在客戶」。接下來的「追蹤」階段，就是到時候能使他們主動洽詢的機制。

▶ 圖 2-3

別讓已建立接觸點的客戶溜走！「獲得」階段

總之來蒐集資訊吧……
先聽聽對方怎麼說吧

想要的商品已經確定了，
得立刻決定發包對象才行！

以後再買型客戶

馬上就要型客戶

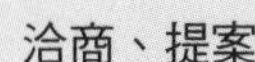

面談

洽商、提案

未成交

接單

潛在客戶

未成交客戶

既有客戶

進入接下來的「追蹤」階段

向上銷售
交叉銷售
繼續交易

＊向上銷售（Upselling）……請客戶換成更高價的商品
＊交叉銷售（Cross-selling）……除了考慮中的商品，也請客戶加購其他商品

05 再次製造機會的「追蹤」階段

□ 不丟給業務員負責，而是建立定期追蹤客戶的機制

在「發掘」階段招攬潛在客戶，在「吸引」階段勾起客戶的興趣。在「獲得」階段，將客戶分成「馬上就要型客戶」與「以後再買型客戶」並且接觸他們。最後就進入「追蹤」階段。對於已成交的「既有客戶」，要設法讓對方繼續交易（包括交叉銷售與向上銷售）；對於「未成交客戶」與「以後再買型客戶」則需要持續追蹤，為客戶發新案子或考慮變更業者時做準備。

至於追蹤客戶的方式，定期會面或打電話固然不錯，但近來日本正推行「勞動方式改革」，為了提高工作時間內的生產力，不少企業會避免將時間花在非要事的會面或電話上。因此，追蹤客戶得花點心思才行。在「追蹤」階段，MA的客戶管理系統能發揮威力。若要定期發布資訊，實體的「通訊報」與數位的「電子報」都是有效的辦法。

通訊報又稱為「公關誌」，是8～24頁左右的小冊子，每年發行幾次。內容為對客戶或潛在客戶有益的文章，郵寄給企業客戶的承辦人。如果寄給既有客戶，有時對方也會幫忙介紹給其他部門或集團企業。另外，寄給未成交客戶與以後再買型客戶，則可製造再度洽談生意的機會（參考9-1）。電子報是使用起來很方便的手法，發行的企業也不少，但要讓人開信閱讀卻很困難，絕大多數都會被當成垃圾郵件。因此，要做好相當的心理準備，並且提供值得一看的內容。

洽商或提案之後追蹤客戶的工作，不要丟給業務員負責，應由公司建立追蹤機制，這點很重要。在「追蹤」階段，要持續追蹤客戶以實現業績最大化。

▶ 圖2-4

追蹤客戶但又不造成困擾
「追蹤」階段

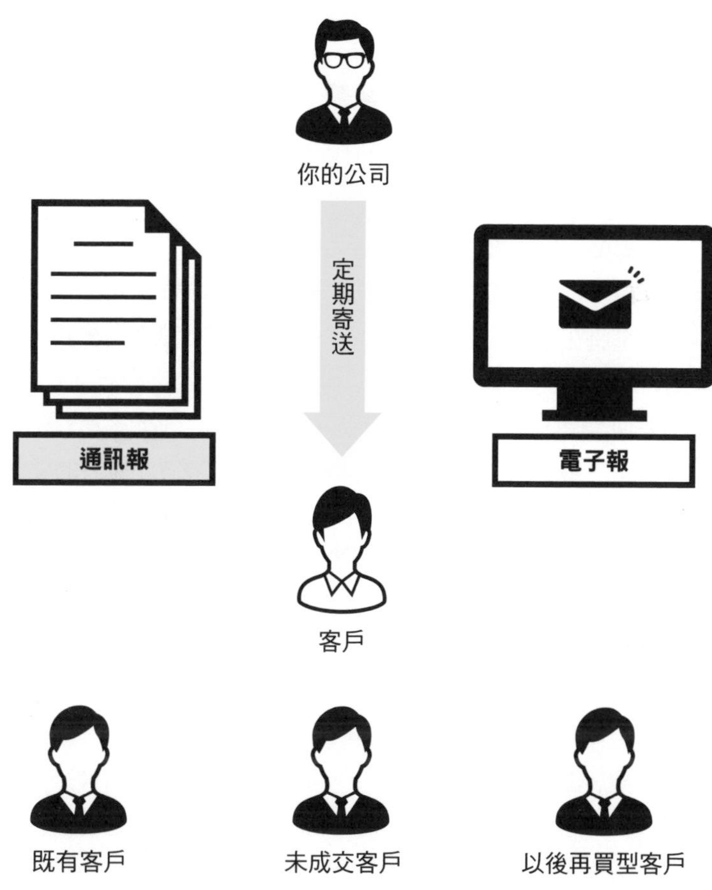

既有客戶

其他部門很煩惱呢。
記得集團企業也是……
介紹給他們吧。

未成交客戶

這份資訊很有用呢。
下次的專案就找他們吧。

以後再買型客戶

假如有案子，
就找他們諮詢吧。

06 設計圖中重要的6大要素

經歷種種失敗與成功後掌握到的Know-How

要建構自動獲得業績的「行銷設計圖」，不可缺少6個重要的關鍵要素。

①公司網站　②關鍵字廣告　③內容SEO

④直郵廣告　⑤指南　⑥通訊報

各個要素將在之後的章節詳細介紹，本節先根據筆者的經驗，說明投注心力於這6個要素的原因。

當初要創業時，筆者就決定「不接轉包案」、「不僱業務員」。雖然後來確實做到了這2點，但現在想想，卻覺得這是年輕時才會有的驕傲自滿想法。不過筆者也明白，就算工作品質再好，客戶若是不上門公司依然會倒閉，所以為了找到客戶而試了各種方法。例如，為每個人準備200家目標客戶名單，逐一撥打推銷電話，結果員工們都達成了設定數量，反觀筆者抗壓性差，才打給3家公司就舉白旗投降。傳真DM時也曾挨罵：「這樣很浪費紙，不要再傳了！」花了60萬日圓刊登報紙廣告，結果完全沒獲得反應。為了跟上市企業建立接觸點，付了高額年會費參加業界團體，但最後仍舊沒接到訂單。雖然經歷一連串的失敗，不過當中還是有成功的嘗試。

那個嘗試就是直接回應行銷。簡單來說，這個方法是透過廣告宣傳，讓潛在客戶主動招手，與本公司洽談生意。具體做法就是以上市企業及中堅企業為對象，郵寄有益資訊或介紹本公司服務的直郵廣告。成功之後筆者也閱讀行銷相關書籍，學習如何製作反應率高的直郵廣告。這就是本公司成長的轉捩點。

▶ 圖2-5 **網路與現實各3個，總共6個關鍵要素**

□ 陸續增加要素，完成「行銷設計圖」

筆者把對直郵廣告有反應的企業製成名單，打電話製造洽商機會，逐漸增加預約成功的新客戶。但是，當時本公司是一間只有5名員工，毫無人脈與實績的中小企業。而且，筆者也沒正式學習洽談生意的做法。因此，願意跟我們交易的企業並不多，而且完全接不到大企業的訂單。這件事讓筆者深刻體認到自己缺乏信用力。不過，這些企業都是願意給本公司拜訪機會的優良客戶。筆者希望日後有其他案子時，能夠獲得提案的機會，於是決定發行通訊報。付出的努力收到了一定的成果，當中也有企業在初次預約拜訪的4年後，終於願意發包給本公司。

另外，公司剛成立時，曾製作過簡易的網頁，但對業績的提升卻沒什麼貢獻。因此，筆者決定翻新公司網站，以期擴大交易對象。公司網站盡可能刊登許多實績，努力建立信賴感。之後，本公司面臨下一個轉捩點。那就是讓公司大幅前進的關鍵字廣告。

某天朋友建議筆者：「你不試試關鍵字廣告嗎？一定會有成果喔！」當時筆者心想：「那是什麼東西？」這才得知這項工具的存在。於是，筆者試著刊登本公司的主要服務之一——企業內部刊物的廣告，結果洽詢量暴增，而當作提供物郵寄的指南，客戶覺得「簡單易懂」，頗受他們的歡迎，讓本公司在洽談生意時占得優勢。

2012年，Google改版而開始評鑑網頁的「內容品質」後，內容行銷應運而生，這種手法是在自有媒體上發布對客戶有益的資訊。本公司也在2015年推出自有媒體「adLive.Co」，提供廣告與公關的相關資訊，並且開始運用內容SEO。如今，這個網站不僅有許多篇文章登上搜尋結果的前幾名，電子報的正文也會附上文章的連結，讓網站充分發揮集客站的功能。

「行銷設計圖」的基礎，就是以上這6個要素。想建立讓客戶自動上門的機制，就必須投資這6個要素。

▶ 圖2-6　6大關鍵要素的運用順序之範例

筆者實際投資6大要素的順序

1 直郵廣告
- 目標對象為上市企業與中堅企業
- 每次郵寄給3,000～5,000家公司
- 以反應率0.5%為目標，最高紀錄是1.0%

↓

2 通訊報
- 製作A4的8頁小冊子，印製300～400份
- 1年發行4次，郵寄給以前有過接觸的客戶
- 當中也有之前未成交，4年後終於得到訂單的情況！

↓

3 公司網站
- 由於技術日新月異，每3～5年就翻新網站
- 充實實績、專案故事等內容
- 導入系統，讓公司可以自行更新網站

↓

4 關鍵字廣告
- 開始投放「企業內部刊物」製作服務的廣告
- 每年花大約40萬日圓的廣告費，總銷售額超過3億日圓
- 之後，陸續投放「致股東報告書」、「紀念誌」、「公關誌」的廣告

↓

5 指南
- 當作關鍵字廣告的提供物
- 製作的冊子最薄16頁，最厚72頁
- 每項服務都製作1本，以專家的優勢立場洽談生意

↓

6 內容SEO
- 在自有媒體上發布對廣告與公關負責人有幫助的資訊
- 每月更新1～2次，也串聯通訊報與指南
- 在電子報裡張貼連結，設法增加訪客

投資的順序，視公司的業態、成長階段而異

07 不要期待客戶的介紹與口耳相傳

□ 把業績交給運氣，是風險很高的行為

交易過的客戶願意幫忙介紹，是非常令人感激的事。

「公司裡的其他部門好像很困擾。可以麻煩你們提供建議嗎？」

「集團企業來找我商量。我可以拜託貴公司幫忙嗎？」

筆者也有這樣的經驗，聽到客戶這麼說，實在讓人高興得快要飛上天。這種時候幾乎可以確定能夠獲得訂單，而且客戶也不會拿競爭者跟自家公司比較。由於價格是從介紹者那裡得知的，提出報價單後，客戶通常不會砍價。由此看來，「介紹與口耳相傳」全是好處，但這裡其實有個陷阱。

原因在於，這麼做完全是依靠外力。畢竟沒有再現性，這種行為或許可以算是碰運氣。就算工作成果獲得肯定，客戶也不見得一定會幫忙介紹。我們又不能厚著臉皮拜託客戶：「既然工作成果很不錯，幫忙介紹一下應該無妨吧？」（不過，筆者偶爾會遇到這種業務員就是了……）。總之，筆者並不是批評期待客戶介紹與口耳相傳很不好，但過於依賴這些方式是非常冒險的行為。

「本公司的生意全靠客戶的介紹。」

單聽這句話，會覺得這是一間不花錢做廣告宣傳的厲害公司。不過，觀察這種公司的公司網站會發現，除了過去的實績外，還刊登了客戶感想、正確選擇商品的建議等，潛在客戶想知道的豐富資訊。換句話說，他們最終還是花錢建立，讓客戶主動「介紹與口耳相傳」的機制。基本上，沒有單靠客戶的介紹就做得成的生意。切記，不要期待客戶的介紹與口耳相傳。

▶ 圖 2 - 7 **過度期待介紹與口耳相傳會帶來風險**

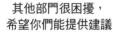

其他部門很困擾，
希望你們能提供建議

集團企業找我商量，
可以拜託你們幫忙嗎？

已交易過
的客戶

我們當然
很樂意！

近日一定
會拜訪！

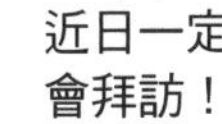

你的公司

但是

期待介紹與口耳相傳的3個問題

1 完全依靠外力

2 沒有再現性

3 碰運氣

08 先了解 B2B銷售的架構

潛在客戶開發／潛在客戶培養很重要

以企業為客戶的B2B，有3大重點必須留意。第1點是，不同於根據個人喜好或經濟狀況憑直覺購買的B2C，B2B並非只由承辦人決定是否要購買。通常都是根據組織決策（上司、決策者、其他部門，有時還包括經營層）評估是否要購買。換言之，參與購買決策的人數壓倒性的多。第2點是，要花很長的時間決定是否購買，而且過程很複雜。要製作對內的企劃書、提交簽呈、召集數個部門的負責人開會討論等等，有時得花幾個月才能決定。第3點是，不憑喜好或直覺決定，重視理性評估。企業有無數個該改善的課題，所以一般都是根據年度預算，將課題設定優先順序，然後先處理最緊要的課題。因此，賣方必須以淺顯易懂的方式向企業客戶說明購買的好處，設法提高優先度。這時，就必須具備以採用產品或服務後的益處、削減成本、回避風險等各種觀點合理說明的技能。

從上述的B2B銷售特徵可知，不光是招攬潛在客戶的「潛在客戶開發（Lead Generation）」，啟蒙、培育潛在客戶的「潛在客戶培養（Lead Nurturing）」也很重要。這2個階段就是所謂的行銷，反過來說，只要能透過行銷掌握客戶的心情，銷售就不再困難。行銷是把潛在客戶帶到業務員的眼前，銷售（推銷）是讓眼前的潛在客戶願意交易。雖然目的都是創造業績，但兩者是截然不同的東西。另外別忘了，行銷是包括老闆在內的幹部該執行的任務，銷售則是員工的工作。

▶ 圖2-8

向企業客戶介紹自家商品時邏輯層面的宣傳重點

1	**有益性**	• 解決課題或煩惱後可獲得的改善 • 可獲得的好處或成本效益
2	**重要性**	• 針對社會或經濟的變化及新政策的因應措施 • 針對人口動態等可預測之未來的對策
3	**緊急性**	• 針對維持現狀的風險及緊急情況的因應措施 • 未採用時的機會損失程度
4	**可信賴性**	• 採用的企業數與實績、具體效果 • 客戶感想、專案故事
5	**優越性**	• 品質、價格、機能等，跟競爭公司的商品做比較 • 自家產品或服務的特色、其他公司沒有的優點

▶ 圖2-9

開發潛在客戶有各式各樣的媒體可運用

潛在客戶

關鍵字廣告
新聞稿
內容SEO
直郵廣告
展示會／講座
大眾媒體廣告／交通廣告
精準廣告
電話行銷／拜訪
通訊報
口耳相傳與介紹
電子報

□ 鎖定銷售對象再發布資訊

社會已變得跟過去不一樣了。經過需求大於供給的時代後，現在需求已達飽和。包括IT在內的技術進步與全球化，降低了進場門檻，導致競爭者增加。在這樣的時代下，要使潛在客戶產生興趣，就必須改變手法。不只產品或服務要做出區隔，還要限定銷售對象。例如專攻員工超過1,000人的中堅企業與大企業，不過也有商品反而只適合賣給中小企業。或者也可以依照製造商或流通零售業等業態或業種來分眾。除此之外，還有「總公司位在東京，營業額超過10億日圓的公司」、「創立超過10年的批發商與貿易公司」等等，鎖定對象的標準五花八門。

「無論是怎樣的客戶都行，無論是什麼樣的商品都好，總之請跟我們購買。」

這種銷售方式，在現今的時代已經不管用了。潛在客戶的「量」固然重要，但更該講求「質」。我們應該區分企業客戶，判斷是否該跟對方交易。最好是從規模、營業額、業態、公司歷史等各種角度進行評估，招攬優質的潛在客戶。

不過，招攬到的潛在客戶未必都是「馬上就要型客戶」，「以後再買型客戶」應該反而比較多。尤其B2B的潛在客戶，即使他們目前無意購買，只要我們趁編列下個年度的預算時再挑戰一次，接到訂單的可能性就不低。這種時候，就輪到「潛在客戶培養」上場了。中長期管理潛在客戶，持續提供資訊並維持關係是很重要的。

關於潛在客戶開發與潛在客戶培養，有一點必須留意，那就是要記得站在買方立場提供資訊。不該站在賣方立場，單方面介紹或推銷產品與服務。不妨發布削減成本與提升業績等採用後的好處、對潛在客戶有幫助的資訊、企業客戶採用後的感想、專案故事等資訊。相信之後的銷售應該會變得格外輕鬆才對。

▸ 圖2-10 行銷與銷售的全貌

	行銷	行銷設計圖6大要素	
利用各種媒體招攬潛在客戶	潛在客戶開發	關鍵字廣告 內容SEO 直郵廣告	發掘
啟蒙、培育潛在客戶	潛在客戶培養	公司網站 指南	吸引
引導「馬上就要型客戶」達成交易	銷售		獲得
與「未成交客戶」、「以後再買型客戶」維持關係	潛在客戶培養	通訊報	追蹤

09 接近成功的Point①利用MA掌握客戶動向

統一管理所有潛在客戶，將行為紀錄「可視化」

行銷自動化（MA）是指，將以往由人執行的行銷活動自動化的系統。優點是可有效率地與客戶建立接觸點，將造訪自家網站的潛在客戶資料匯集在資料庫裡。如此就能統一管理透過網路，以及展示會、講座、交流會、電話洽詢、直郵廣告、新聞稿等各種接觸點開發的客戶。

舉例來說，只要輸入在展示會上交換過名片的潛在客戶資料，並且讓他們點擊張貼在問候信裡的自家網站連結，就能夠掌握潛在客戶的行為。這種做法稱為回歸，是MA特有的功能。如此一來，之後就可以將潛在客戶的行為「可視化」。也就是說，我們可根據網站的造訪紀錄、有無開啟電子報、有無參加講座之類的資料，將每個人的購買意願與關注度化為數值，自動找出需求已顯在化的潛在客戶。要使之後的業務銷售活動進行得更有效率且占優勢，這一點非常重要。

雖然MA如此方便，但導入之後卻沒有成效的企業並不少見。

「就算導入MA，並且搭配SFA（銷售自動化系統），洽商機會也沒因此增加。」

「雖然可以統一管理潛在客戶，但他們沒造訪網站。」

這樣的意見也時有所聞。MA原本的目的就是蒐集與管理潛在客戶的資料，因此如果不開發新客戶，並且發布有益的資訊（內容），洽商機會是不可能增加的。導入MA只是一種手段。重要的是上游的潛在客戶開發與潛在客戶培養，而這需要提高發布內容的能力。

►圖2-11 掌握客戶的資訊與行為紀錄的最強系統

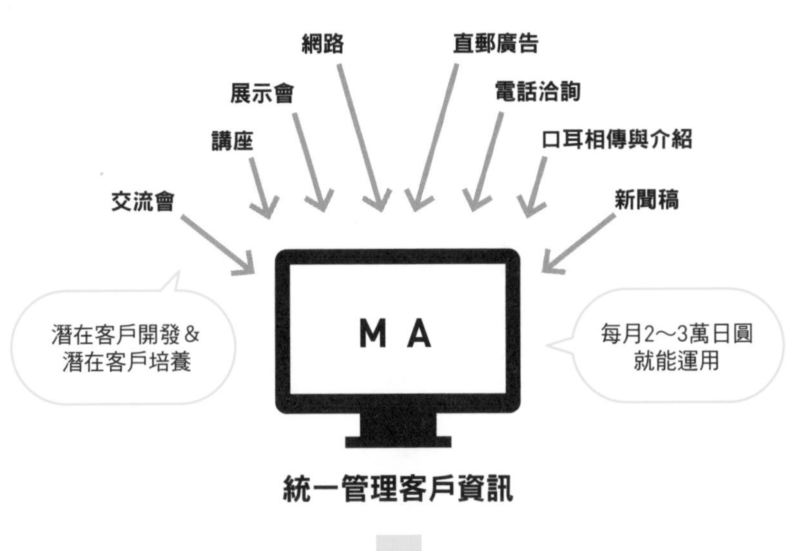

可以掌握潛在客戶的行為！

網站的造訪紀錄	各網頁的瀏覽紀錄	講座的參加紀錄
電子報的開啟紀錄	檔案的下載紀錄	裝置種類

※PC、平板或智慧型手機

將需求的顯在化程度化為數值

以優勢地位進行業務銷售活動製造洽商機會

10 接近成功的Point②最終目的是LTV最大化

□ 比起CVR與CPA之類的詳細指標，更該著眼於銷售額最大化

LTV是Life Time Value的縮寫，意思是客戶終身價值。在B2B銷售上，是指1家企業客戶直到生命週期結束為止，貢獻給貴公司的銷售額總和。舉例來說，假如每月的銷售額有30萬日圓，而契約在2年後結束的話，LTV就是30萬日圓×24個月，即720萬日圓。

本書所提倡的運用「行銷設計圖」的行銷，最終目的正是將LTV最大化。CVR[*1]與CPA[*2]這類指標固然重要，但B2B跟B2C不同，網站的訪客並不多。而且，因為銷售單價高，比起CVR與CPA，著眼於最終累積的銷售額更能獲得成果。

從前筆者曾遇過這種狀況：向3,000家公司寄送直郵廣告，結果有反應的僅1家公司。這項廣告活動花了約100萬日圓的費用，但銷售額只有50萬日圓。這樣算失敗嗎？其實，這家客戶是東證一部上市企業，雖然第1個年度銷售額只有50萬日圓，但之後連續4年客戶都發包給本公司，總銷售額超過1,500萬日圓。目前雙方仍持續交易，LTV或許能達到數千萬日圓。如果是對商品品質有自信的公司，即便首次投資沒賺錢，之後還是能回本。總而言之，要將LTV最大化，必須以持續交易為前提招攬潛在客戶才行。說得極端一點，不要一下子就以2,000萬日圓的業績為目標「一決生死」，應該勤奮不懈地累積銷售額，花10年以上的時間讓LTV超過1億日圓。

---

*1　Conversion Rate的縮寫，即轉換率。成交或洽詢的訪客比率

*2　Cost Per Action的縮寫，即每次行動成本。每筆成交或洽詢所需的成本

▶ 圖2-12 B2B銷售的重要指標「LTV」之觀念

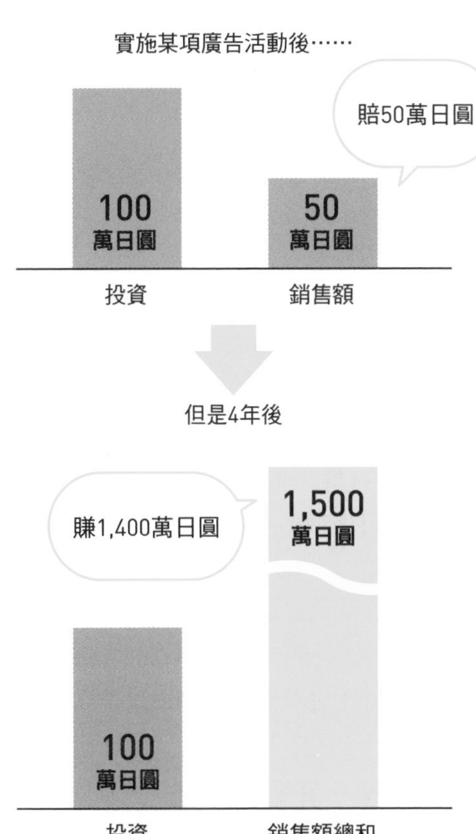

B2B銷售的重要指標只要有「LTV」就足夠

Point 1 因為潛在客戶有限，不需要CVR或CPA之類的詳細分析

Point 2 以銷售單價高，能夠持續下單的企業為目標對象

Point 3 與其靠1次廣告活動一決生死，不如採取努力累積銷售額的策略

11 接近成功的Point③ 消除推銷感

□ 說明好處而不是規格，並展現採用後的變化

最近，客戶所處的環境出現了3大變化。第1個變化是，沒有需要的產品或想要的服務。社會臻於成熟後，用不著進行大規模的投資，企業也能持續經營下去。第2個變化是，賣家企業有擴大事業領域的趨勢，客戶無法判斷該選擇哪個商品才好。流通零售業者推出自有品牌，生產食品等商品就是其中一例。第3個變化，則是市場兩極化。即便是同業，一樣有購買意願高的「勝利組」企業，以及經營得很吃力的「失敗組」企業之分。現已進入就算銷售對象相似，商品也無法輕易賣出的時代。而且，除了市場僵化外，現在只要上網就能立即取得資訊，「買家」的地位遠高於「賣家」。

在社會面臨巨大轉變的情況下，企業該做的就是「徹底獲得客戶的共鳴，並且製造粉絲」。賣家企業必須消除「推銷」色彩，追求對客戶而言有幫助的事物，並且要以文字明確表達這個立場。因此，賣家企業要注意2個重點。

第1點是，說明好處而不是規格。規格是指產品或服務的格式，好處是指利益或益處。潛在客戶對商品不感興趣，大多是因為賣家企業只說明規格。技術研發力愈出色的公司愈有這種傾向，但各位必須明白，客戶對公司與商品是完全沒興趣的。不過，他們很在乎自己能得到的好處。第2點是，說明採用商品後的變化，例如提升業績、削減成本、活化組織等等。只要蒐集採用商品或服務後的「客戶感想」，宣傳「採用之後，煩惱或課題可獲得這樣的改善」這項具體事實，客戶就會比較容易想像採用後的好處與變化。

▶ 圖2-13　**要獲得共鳴不可缺少「好處」與「客戶感想」**

網路社會的本質
「買家」比「賣家」更占優勢

徹底獲得客戶的共鳴
（製造粉絲）

說明「好處」而不是「規格」

規格
〔產品或服務的格式〕

・尺寸、設計、顏色
・品牌的堅持
・價格、版本
・機能、性能
・使用方法、操作方法
・製造的工廠、設備
・售後服務
・銷售代理商的簡介

好處
〔客戶能獲得的利益、益處〕

・業績增長
・可削減成本
・提升生產力
・減少事故與問題
・活化組織
・減輕管理負擔
・可招募到優秀的員工
・緊急時不傷腦筋

客戶感想

12 接近成功的Point④ 客戶想要的是專家

蒐集資訊製作自有內容的3個好處

現在，客戶想要的是「專家」，也就是該領域的專業人士。上一節也提到，進場的企業變多後，導致供給過剩，客戶難以判斷該跟哪家企業交易。由於B2B的採購必須獲得多位決策者的同意才行，賣家企業得成為專家，贏得客戶的信賴。

要成為完美的專家很辛苦，但要「塑造」專家形象卻不難。畢竟只要上網就能接觸全世界的資訊，至於資料只要去書店就能取得。不消說，直接複製貼上與挪用當然是不行的，但只要整理蒐集到的資訊並且自行編輯，就能製作出自家公司的內容。之後再將內容發布到公司網站或自有媒體上，或是刊登在作為關鍵字廣告目的地的到達網頁上。除此之外，還能運用在直郵廣告、指南、通訊報等「行銷設計圖」的6大要素上，發揮它的威力。這裡說的內容，是指①Know-How／建議／祕訣、②成功指南、③具體案例集。

為自家公司建立專家地位，可以得到3個好處。第1個好處是，容易獲得潛在客戶的信賴。雙方可在見不到面的狀態下產生互動。第2個好處是，生意會談得比較容易。一般人都有「回報性法則」這種心理，當自己從某人那兒得到某樣事物時，便會覺得「不回禮的話很不好意思」。只要潛在客戶看完內容後學到東西或是有新發現，對方就很有可能藉由發包來回報你的公司。第3個好處是，有魅力的內容再現性很高。如果能應用在其他商品上，得到相同成果的機率很高。總之，我們的目標是成為專家。製作內容所花費的時間與勞力，一定能換來業績這項回報。

► 圖2-14 製作內容是成為「專家」的捷徑

網路

相關書籍

自家公司原創的「內容」

Know-How／建議／祕訣

成功指南

具體案例集

運用在6大要素上

公司網站 | 關鍵字廣告 | 內容SEO

直郵廣告 | 指南 | 通訊報

3個好處

1. 容易獲得潛在客戶的信賴
2. 之後生意會談得比較容易
3. 再現性高，可應用在其他商品上

» Column 01

拉式媒體與推式媒體的差異

行銷設計圖的「發掘」階段運用了數種媒體，這些媒體可分成「拉式（Pull Media）」與「推式（Push Media）」2種類型。拉式是預測潛在客戶的心理或行為，事先準備集客站的方法。最大的優點是，不必追逐潛在客戶，只要建立機制就能自動集客。不過缺點是，不知道誰會有反應，所以無法預測對象。關鍵字廣告、內容SEO、展示會及講座、大眾媒體廣告與精準廣告都是屬於這個類型。至於推式媒體，則是賣家企業促進潛在客戶行動的方法。優點是，可以讓不清楚自己想要什麼東西的潛在客戶，注意到「原來有這麼棒的商品」。換言之，就是能發掘潛在需求。電話行銷與直郵廣告就屬於這個類型，不過電話行銷會給員工造成壓力。

那麼，該把心力投注在拉式媒體，還是推式媒體上呢？從結論來說，這取決於貴公司鎖定的客層。詳情之後會再解說，總之必須根據業態、商業模式、窗口承辦人的屬性、商品價格等因素來評估。偏重於某一方的行銷風險很大，所以拉式與推式並行會比較有效果。筆者的公司除了介紹與口耳相傳外，還運用關鍵字廣告與內容SEO這2種拉式媒體，以及直郵廣告這種推式媒體來集客，各位可以參考3-4的介紹。拉式媒體的成本效益比較高，不過推式媒體也有優點。由於可以只發送給想要交易的企業，有時能獲得意外的成果，例如接到大企業的訂單。

下一章要介紹的是設計圖的建構方式。請靈活組合拉式媒體與推式媒體，完成適合貴公司的「行銷設計圖」。

▸ 圖2-15 **拉式媒體與推式媒體的種類及優缺點**

	PULL型	PUSH型
媒體種類	關鍵字廣告 內容SEO 展示會／講座 大眾媒體廣告／精準廣告	電話行銷／拜訪 直郵廣告
優點	・可建立自動集客機制 ・完全沒壓力 ・一旦成功，再現性很高	・可發掘潛在需求 ・可選擇自己想要的企業客戶 ・如果時間方便也能立即洽談生意
缺點	・無法預測上門的潛在客戶 ・難以得知潛在客戶的心理與行為 ・需要高度創意	・電話行銷會造成壓力與負擔 ・郵件有可能惹客戶不高興 ・近年來成本效益有下滑的趨勢

Chapter 2 重點整理

令洽商機會倍增的「行銷設計圖」是什麼？

分成發掘、吸引、獲得、追蹤4個階段

- [ ] 在「發掘」階段，要想像所有的集客可能性
- [ ] 在「吸引」階段，要提高第一印象，以優勢地位洽談生意
- [ ] 在「獲得」階段，除了「馬上就要型客戶」，也著眼於「以後再買型客戶」
- [ ] 在「追蹤」階段，要建立定期追蹤客戶的機制

認識可增加業績的6個重要關鍵要素

- [ ] 目的是建立自動招攬潛在客戶的機制
- [ ] 不要期待依靠外力、沒有再現性的「介紹與口耳相傳」
- [ ] 以集客為目的的行銷，與以成交為目的的銷售是不同的
- [ ] 站在買家立場發布資訊，而不是從賣家角度出發

建構「行銷設計圖」時該注意的重點

- [ ] 導入MA，統一管理所有潛在客戶的行為
- [ ] B2B應以LTV最大化為優先，而不是講求詳細的指標
- [ ] 說明客戶可獲得的好處，而不是商品的規格
- [ ] 發布有益內容，建立「專家」地位

Chapter 3

實踐！
設計圖的建構方式

01 建構設計圖的第一步就是選擇與認識客戶

以目標客戶的人物誌為中心，設想4種狀況

本章要解說的是設計圖的建構方式。

這個部分有2大重點。第1個重點是選擇客戶。這裡要「選擇」的客戶，是指你想交易的法人（企業）與個人（窗口承辦人）。若是抱持「只要願意購買商品，無論客戶是誰都無所謂」的態度，不僅賣不掉商品，還只會招攬到看價格做選擇的客戶。換句話說，「身為賣家的你，選擇身為買家的客戶」是有必要的。第2個重點是認識客戶。這裡要「認識」的東西，並非只有企業客戶的規模、業種、商業模式，還包括窗口承辦人的屬性、心理、行動等等。換言之，要建構正確的「行銷設計圖」，深入想像目標客戶是很重要的。

想要選擇與認識客戶，就得以目標客戶的人物誌（法人與個人）為中心，設想4種狀況（右圖）。「與網路的親和性」是指，客戶是否會上網調查有關商品本身或周邊課題的資訊。雖然電腦與智慧型手機現已普及，但如果缺乏搜尋關鍵字，或是不容易找到貴公司的資訊，就無法期待網路行銷的效果。「需求的顯在性」是指，課題或煩惱是否明確。如果客戶沒意識到課題，就需要發掘需求。「發包或採購的流動性」是指，為了變更發包對象或採購對象所花費的時間與勞力。有些潛在客戶基於產業或企業的內部因素，無法變更發包對象或採購對象，所以就算接觸他們也是白費功夫。最後是「對表現的感受性」。舉例來說，請想像一下窗口承辦人是在IT新創公司任職的年輕女性，以及在保守的老字號企業任職的中年男性這2種情況。在接觸兩者時，使用的方式自然會不一樣才對。

▶ 圖3-1

若要選擇客戶／認識客戶就得設想4種狀況

要建構正確的「行銷設計圖」，準確想像目標客戶是很重要的事

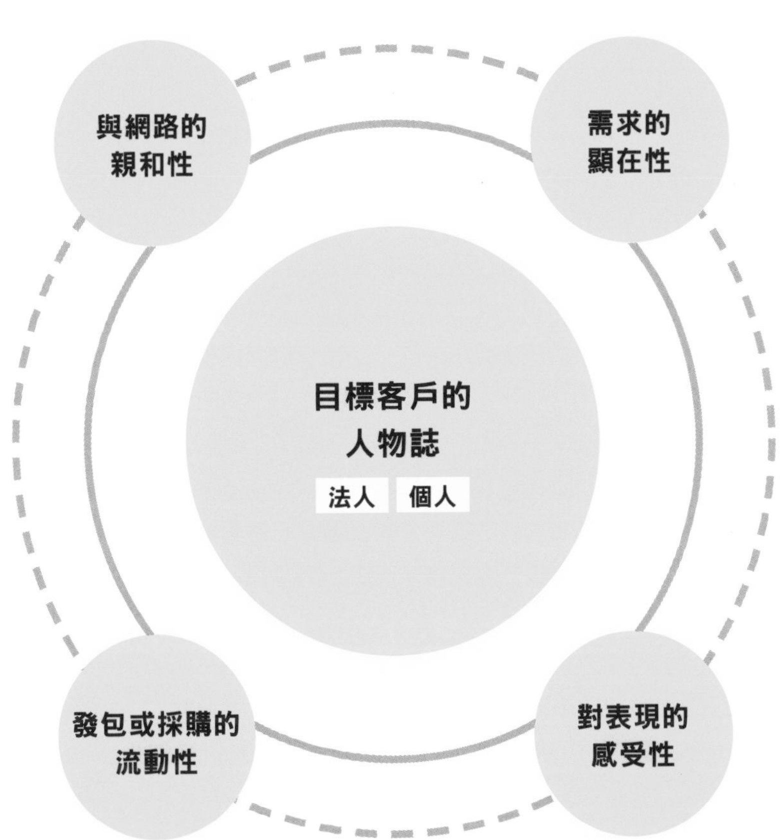

[了解目標客戶屬性的框架]

02 設定目標對象所必備的「法人與個人的人物誌」

重視個人的人物誌，要詳細且具體地想像

行銷所說的人物誌（Persona），是指「自家商品或品牌的目標對象之人物形象」。具體且詳細地想像，就能擬訂對該人物有效的廣告策略與銷售策略。以位在青山的高級法式餐廳為例，設定以下這樣的人物誌就能收到成效。

「顧客名叫本城美奈子，是任職於外資保險公司的女性上班族。今年37歲，單身，住在東京都內。年薪800萬日圓。嗜好是每年出國旅遊2次，喜歡的品牌是愛馬仕（Hermès）。週末經常會與幾名友人到處品嘗位在都心的熱門餐廳。」

上述是B2C的人物誌，B2B則略有不同，需要設定法人與個人的人物誌。法人的人物誌是參考公司網站裡的企業資訊來設定，包括公司名稱、創立年份、總公司所在地、從業員人數、有無集團企業、國內外的據點、營業額、營業淨利、產業與業態、商業模式、事業的未來性、是否上市等公司的屬性。除此之外，還要設想採用自家商品後可解決的課題，總之就是想像你想交易的客戶來進行設定。

接著是個人的人物誌，其重要程度比法人的人物誌還要高。即便客戶是大企業，決定發包對象的仍舊是個人。另外，你該想像的不是決策者，而是身為第1個接觸點的窗口承辦人。這是因為，若要獲得最初的洽商機會，必須得到承辦人的共鳴。

人物誌以外的客戶可以忽略沒關係。原因在於，與其擴大目標而失去重要客戶，不如限定目標提高重要客戶的滿意度，這樣更能傳達強而有力的訊息。如此一來，最終就能實現成本效益高的行銷。

▸ 圖3-2

具體設定法人的人物誌與個人的人物誌

本公司的商品「企業內部刊物」的人物誌

法人的人物誌

國際醫療科學股份有限公司

位於北陸的聽診器製造商，1925年創立。起初是一家只有5名成員的新創企業，經歷戰後的混亂，進軍醫療器材領域。總公司位在赤坂的中城大廈，單一公司的從業員有6,500人，總人數為30,000人。在國內擁有4家連結子公司，並且進軍海外8個國家。於東證一部上市，股東有20,000人。營業額為8,000億日圓（連結），營業淨利為1,000億日圓。是一家致力於研究開發的精密機械零件製造商。在高度經濟成長期發展成支撐日本經濟的企業。1968年上櫃，1972年於東證二部上市，1978年轉至東證一部。目前正在進行公司風氣改革。也有人指出，內部的經營企劃、公關、行銷的方向不明確，缺乏一致感，造成許多浪費。對內與對外的製作物亦成為議題，希望包括外部的提案在內，全都能以更客觀的觀點規劃及製作。

個人的人物誌

公關部行銷課　廣瀨美穗

2010年畢業後即進入公司。今年33歲，單身。畢業於東京的私立大學。去年春天從業務部調到公關部。年薪550萬日圓。父親目前在杜拜工作，母親是專職主婦，有1個弟弟。學生時代參加網球社。嗜好是栽種香草。正義感強，對公司很忠心，在公司裡也頗有信用與聲望。雖然將許多工作發包給大型廣告代理商與大型印刷公司，卻也發覺工作品質與做法有問題。每年都是委託同一家承包商，但構思企劃的卻是轉包商，不僅難以反映公司的要求，處理速度也很慢，這點讓她很不滿意。現在是調職第2年，正逐步推行自己的做法。不僅積極參加研習會，也很熱中於蒐集資訊。

［想像客戶行為模式的框架］

03 摸索目標客戶的習性與行為的「8大檢查項目」

□ 如何決定各個要素的比重？

不妨利用「8大檢查項目」，決定各個要素的優先順序吧！

①使用Google搜尋找尋發包對象

假如客戶想要的產品或服務很明確，而且也能料想到他們使用的搜尋關鍵字，那麼「關鍵字廣告」是最合適的手法。成本效益最能夠期待。

②上網蒐集需要的資訊

若能設想客戶的課題，以「內容SEO」建立接觸點是很有效的做法。

③看重實績與案例等，重視信賴感

除了在「公司網站」刊登實績或案例等資訊，以及寄發「直郵廣告」外，也可考慮透過展示會／講座、精準廣告吸引客戶上門。

④可輕易變更發包對象或採購對象

必須讓客戶發現商品的魅力。利用洽詢表單發送銷售郵件通常會遭到忽視，因此這時要發揮「直郵廣告」的力量。

⑤只要性能好，即使價格昂貴也想要買

利用「指南」、「通訊報」，讓客戶感受到企業品牌。

⑥積極尋找更好的商品

利用展示會或「關鍵字廣告」、「內容SEO」增加接觸點。

⑦決定商品需要時間與程序

因為必須建立信賴感，可在「公司網站」上提供豐富的內容，「指南」也是有效的手法。

⑧對廣告宣傳或表現的感受性很高

只靠網路行銷很難實現差異化。「直郵廣告」、「指南」、「通訊報」等印刷品是最合適的手法。

► 圖3-3

找出能打動目標客戶的要素 8大檢查項目

利用8大檢查項目找出能打動目標客戶的要素

使用Google搜尋 找尋發包對象	上網蒐集 需要的資訊	看重實績與案例等， 重視信賴感
可輕易變更 發包對象或 採購對象	**想把商品 賣給怎樣的客戶？**	只要性能好， 即使價格昂貴 也想要買
積極尋找 更好的商品	決定商品 需要時間與程序	對廣告宣傳 或表現的 感受性很高

［帶來潛在客戶的框架］

04 破解集客這道最大難關的「3大要素優先順序」

□ 潛在客戶的需求是否顯在化？客戶是否很用功？

出色的行銷，可以免去推銷——這句話出自被譽為「現代管理學之父」的彼得・F・杜拉克（Peter Ferdinand Drucker）。最近，多數B2B企業的煩惱就是如何增加客戶，再加上競爭者變多，如何有效率地建立接觸點讓企業傷透了腦筋。本節就來討論3大集客手法的優先順序。

現在有各式各樣的集客方法，例如運用社群網站的集客術、運用影片的YouTube行銷、幫忙開發新客戶的代銷服務、出席數萬人參加的展示會……等等。但是，大部分都沒有效果。筆者也採取過各種戰術，不過現在只使用3種方法集客。這些方法的效果，視產業或商品而有很大的差異，因此運用前必須思考優先順序。

假如你想交易的企業客戶心中已有具體明確的商品名稱，或者有想要上網搜尋的關鍵字，「關鍵字廣告」是最合適的手法。反之，如果商品需求不明確，但多數企業客戶都有共通的課題或煩惱時，則適合使用「內容SEO」。兩者是網路行銷的「雙璧」。一般而言，B2B的銷售對象有限，所以不適合運用社群媒體。另外，影片雖然有效果，但客戶鮮少在YouTube上搜尋，所以最好將影片運用在到達網頁或自有媒體上（參考Column 02）。至於想要的商品或該解決的課題並未顯在化，或者對現狀並無多大不滿的潛在客戶，若想發掘他們的需求，最適合使用「直郵廣告」這個「殺手鐧」。一般來說，關鍵字廣告與內容SEO適合用於用功且積極行動的客戶，直郵廣告則適合用於其他客戶。

► 圖3-4 取決於企業客戶承辦人的狀態與行為的3大要素優先順序

網路行銷的「雙璧」

關鍵字廣告

內容SEO

社群媒體
影片
代銷
新聞稿
展示會
電話行銷
大眾媒體廣告

企業客戶的承辦人

【狀態】
用功、行動派、積極

【行為】
上網搜尋

你的公司 

【對策】
事先準備集客站

發掘需求的「殺手鐧」

直郵廣告

企業客戶的承辦人

【狀態】
保守、沒發現課題

【行為】
不主動行動

你的公司 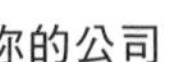 

【對策】
需要促進客戶行動

[將交易可能性最大化的框架]

05 培養未成交客戶與以後再買型客戶的「防止機會損失的機制」

□ 利用通訊報維持關係，並導向自家媒體

剛建立接觸點的「潛在客戶」；尚無打算購買商品的「以後再買型客戶」；洽商之後並未下單的「未成交客戶」。除此之外，還有一段時間沒交易的「休眠客戶」、鮮少下單的「一次性客戶」、改跟其他公司交易的「花心客戶」等等，這些都是企業會面臨的各種狀況。如果真的想要增加客戶，除了經營平常就有交易的「既有客戶」外，也必須盡可能建立更多的客戶接觸點。不只要一直開發新客戶，觸及已建立接觸點的客戶也很重要。

話說回來，導入MA之類的系統，能夠有效率地管理客戶後，你是不是就把追蹤的工作丟給業務員了呢？要求業務員在有限的工作時間內，追蹤潛在客戶是有困難的。而且打電話或登門拜訪，也會讓客戶感到困擾，所以需要建立維持關係的機制。「通訊報」是最具效果的方法，只要編輯潛在客戶想看的內容，再定期寄送即可。另外，如果還能透過電子報，將潛在客戶導向自有媒體就相當周全了（參考9-5）。

B2B也常發生因企業客戶的內部問題而無法成交的情況，例如「今年度的預算不夠」、「原本的廠商央求繼續合作」、「決策者很保守，沒辦法下定決心導入」等等。不過，只要狀況改變，例如到了下個年度、決策者換人等等，就有了再次與客戶達成交易的機會。閱讀手邊的「指南」，或是造訪「公司網站」這類小小的開端，也十分有可能帶來洽商機會。總而言之，要防止機會損失就必須建立機制，先利用通訊報或電子報，培養未成交客戶與以後再買型客戶並且維持關係，再將他們導向公司網站與自有媒體。

▸ 圖 3-5 **定期發布資訊，新的洽商機會就會自動產生**

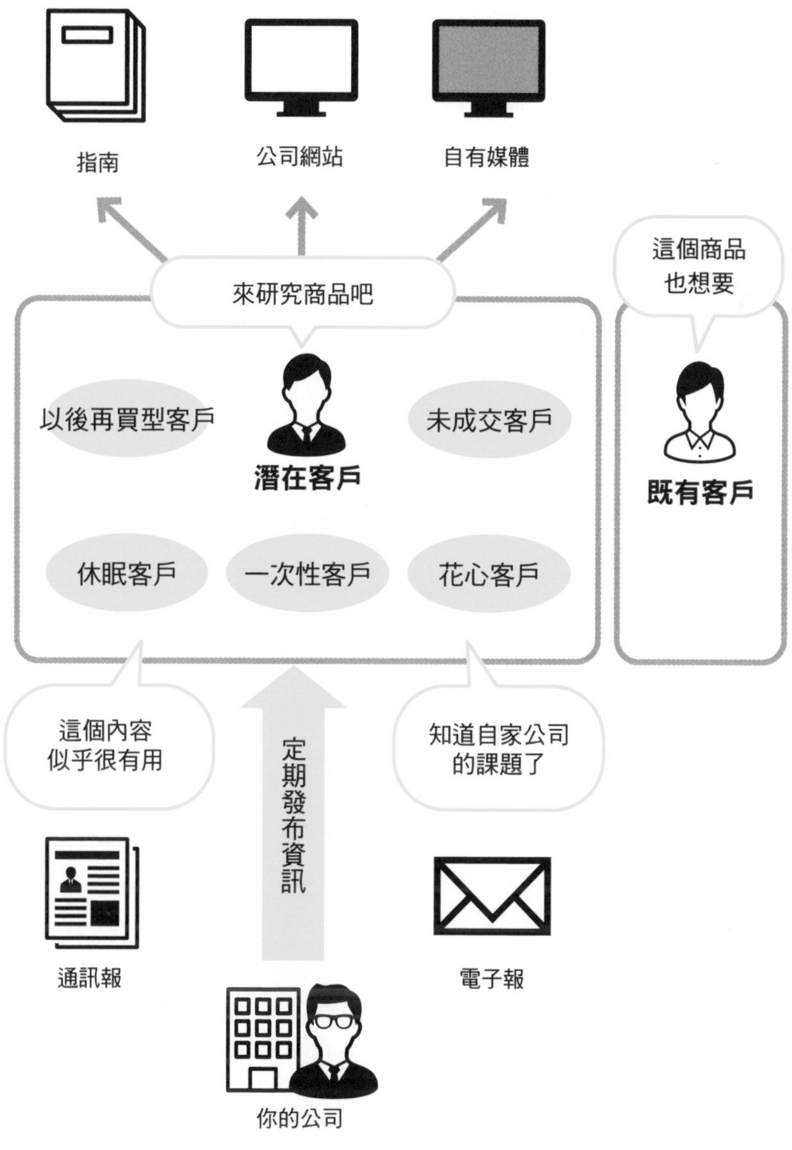

06 以6大要素為核心建構設計圖

深入想像客戶，愉快地編寫腳本

要建構「行銷設計圖」，必須先深入了解客戶才行。你想交易的企業客戶，其窗口承辦人在什麼樣的心理狀態下，會採取什麼樣的行動呢？只要了解客戶，設計圖就等於建構完成了。

首先來選擇想賣的商品吧！每件商品都要為其建構一種設計圖。選好商品之後，第一步要設定目標對象，所以先想像框架①「法人與個人的人物誌」。雖說是B2B銷售，不過決定發包對象的是「人」，個人的人物誌很重要。接著，想像目標對象的習性與行為。尤其目標對象有無網路素養，對設計圖的結構影響很大，這裡請參考框架②「8大檢查項目」。第三步是集客，以框架③的3大要素為主要手法，思考優先順序。不過，電話行銷對某些產業也是有效果的，這裡要以客觀角度選擇最合適的手法喔！最後是框架④，建置與以後再買型客戶及未成交客戶定期建立接觸點的機制，以防止機會損失。按照這個順序思考，就能建構出適合自家公司的「行銷設計圖」。

另外，說到規劃「設計圖」，大部分的人往往會想得很嚴肅，其實想像客戶並且愉快地規劃是很重要的。行銷領域有個名詞叫做「客戶旅程（Customer Journey）」，指潛在客戶從得知商品、調查商品到購買商品為止，包括情緒與行為在內的一連串歷程。同樣的，建構設計圖時，也要愉快地構想從遇見目標客戶，到洽商、成交，或失敗後再度洽商，以及回購、販售其他商品等一連串的腳本，這點很重要。因為樂在其中的心情會反映在6大要素的品質上，影響最後的成果。

接下來筆者就為各位介紹各種企業的假想案例。請在建構設計圖時參考看看。

▶ 圖3-6 建構「行銷設計圖」的流程

決定想賣的商品
POINT 1件商品建構1種設計圖

↓

選擇企業客戶，設定目標對象
POINT 法人與個人的人物誌

↓

了解承辦人的習性與行為
POINT 8大檢查項目

↓

為招攬潛在客戶的方法設定優先順序
POINT 主要以3大手法來集客

↓

建立防止機會損失的機制
POINT 利用通訊報追蹤

↓

「行銷設計圖」完成！
POINT 愉快地構思腳本

[案例①]------ 以物流公司為目標客戶的IT供應商

主動提案是有效的業務銷售方式

本例的IT供應商，是以業務效率化及提升業務品質為訴求，推出系統導入方案。物流產業以傳統的做法為主，就算考慮導入系統，會上網蒐集資訊並積極推動的企業也不多。

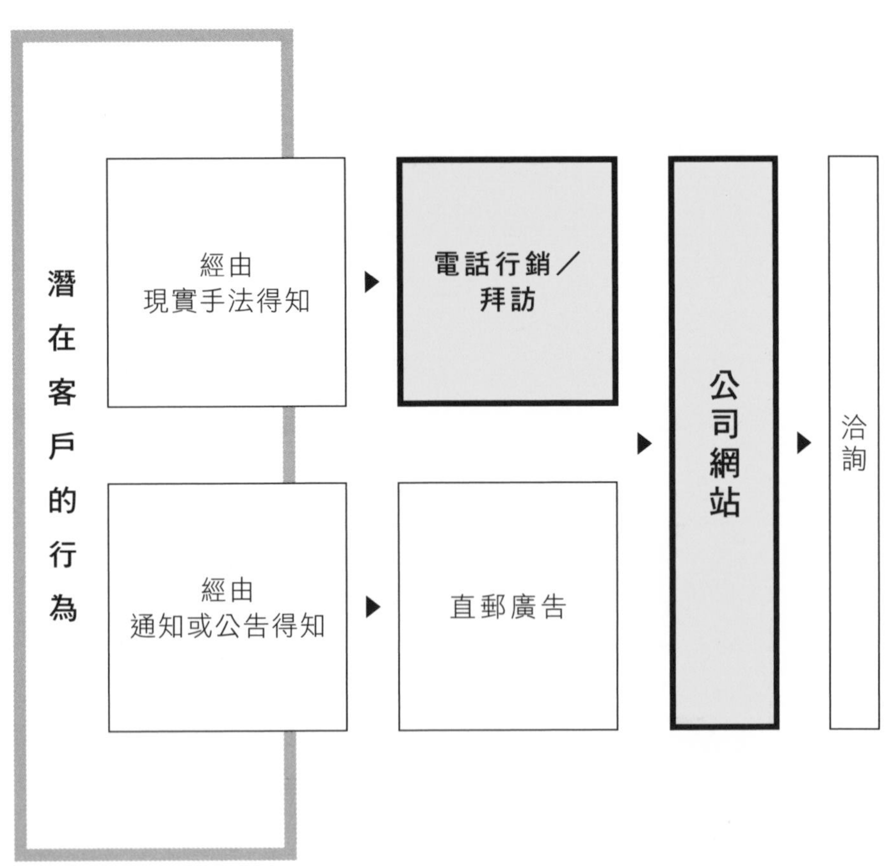

POINT1　以直郵廣告作為主要的集客方式

簡單地寫信給老闆是最有效果的做法。

POINT2　徹底運用直郵廣告與電話行銷這類傳統手法

若要追蹤以後再買型客戶與未成交客戶，比起讀起來很麻煩的通訊報，撥打客戶關懷電話會更有效果。

POINT3　投資當作集客站的公司網站與指南

為了在客戶進行內部討論時占得優勢，在網站與指南上刊登豐富的客戶感想與案例吧！

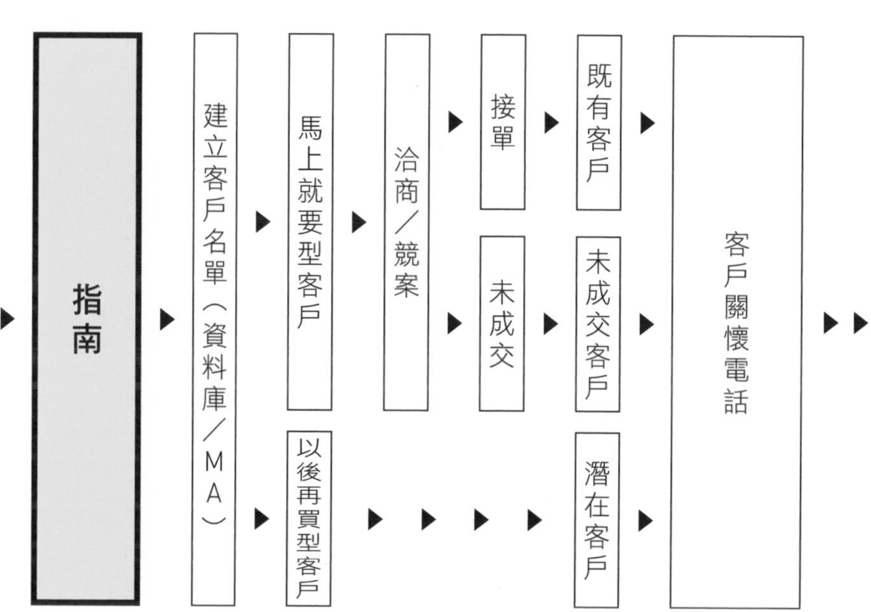

[案例②]以製造商為目標客戶的工具機貿易商

要廣泛建立客戶接觸點，之後的追蹤也很重要

本例是販售工具機的貿易商，由於買家遍及眾多領域，必須設法透過網路、展示會、業界雜誌的廣告等方式增加接觸點。購買高價的工具機應該要花時間做決策，所以也要投注心力追蹤客戶。

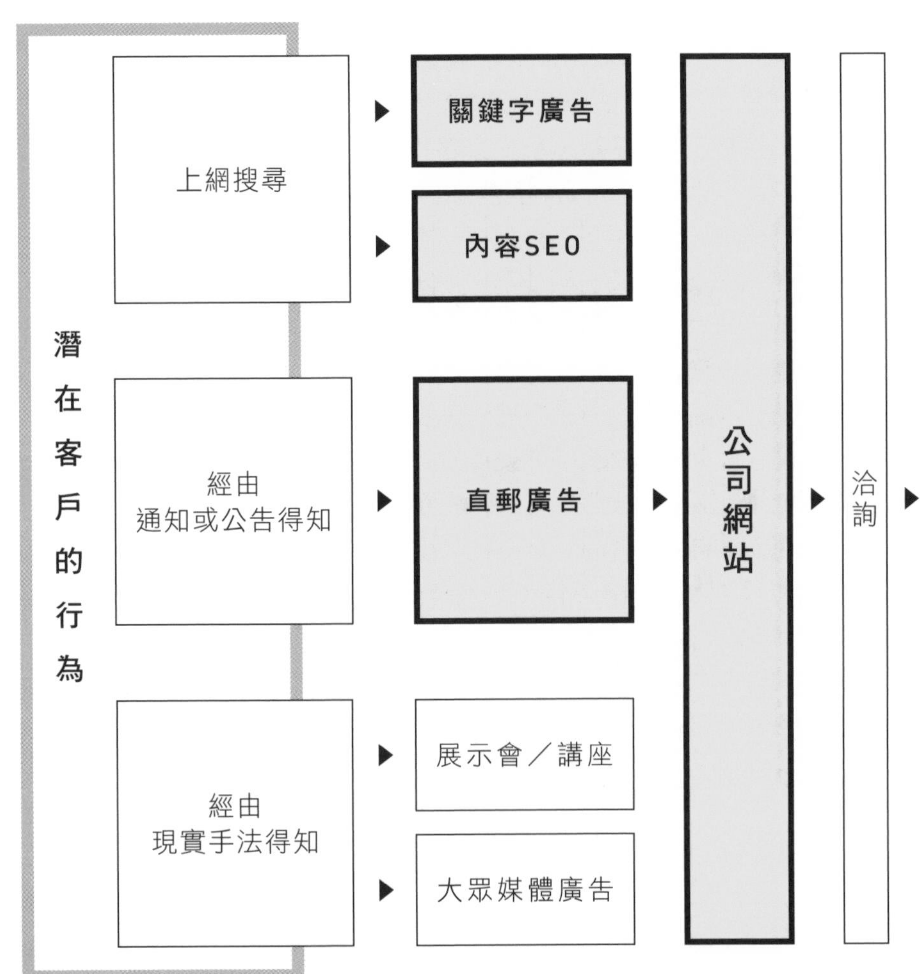

POINT1　由於製造業全是潛在客戶，盡可能增加接觸點

對大企業運用網路行銷，對中小企業運用直郵廣告，努力擴大客戶接觸點。

POINT2　為了取得日後的訂單，利用通訊報積極追蹤

為了獲得機會銷售其他功能的工具機，要積極追蹤客戶。

POINT3　只要能提高LTV，初期投資一定能回本

貿易商只要能增加客戶，就能回收足夠的利潤。

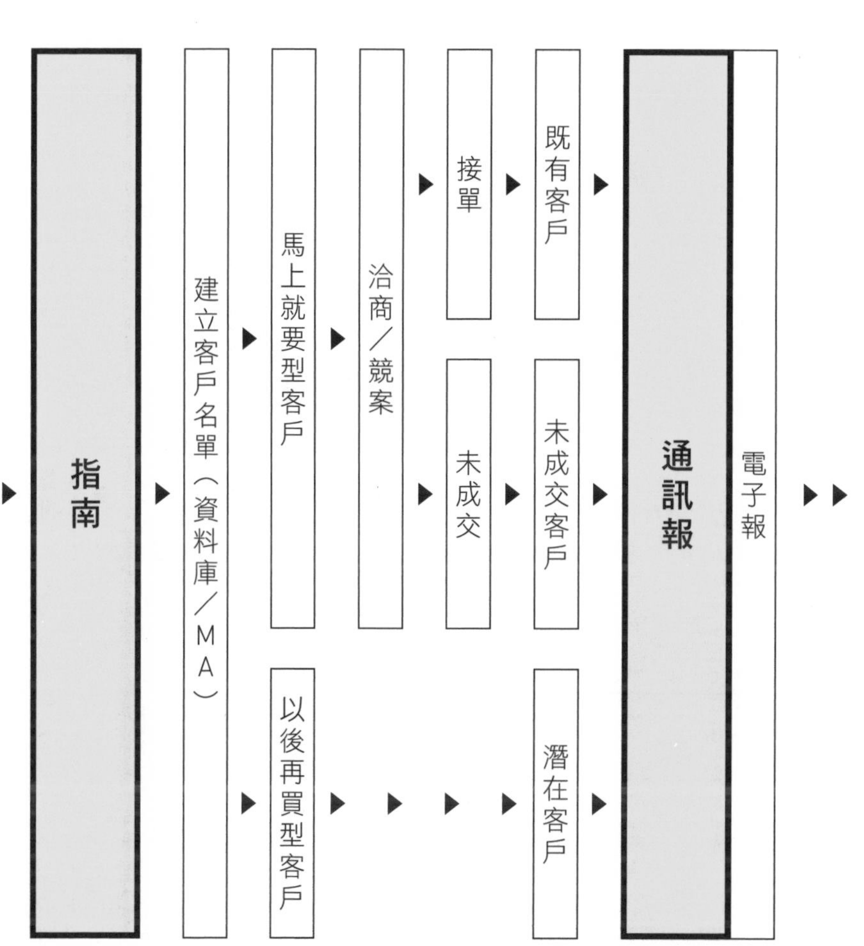

[案例③]┈┈ 以外送便當、供餐業者為目標客戶的冷凍食品製造商

建立專家地位，利用內容製造差異

外送便當業者與供餐業者為每日的菜單以及新商品、新食譜而煩惱，因此可以在自有媒體、直郵廣告、指南或通訊報上提供菜單與食譜的點子。

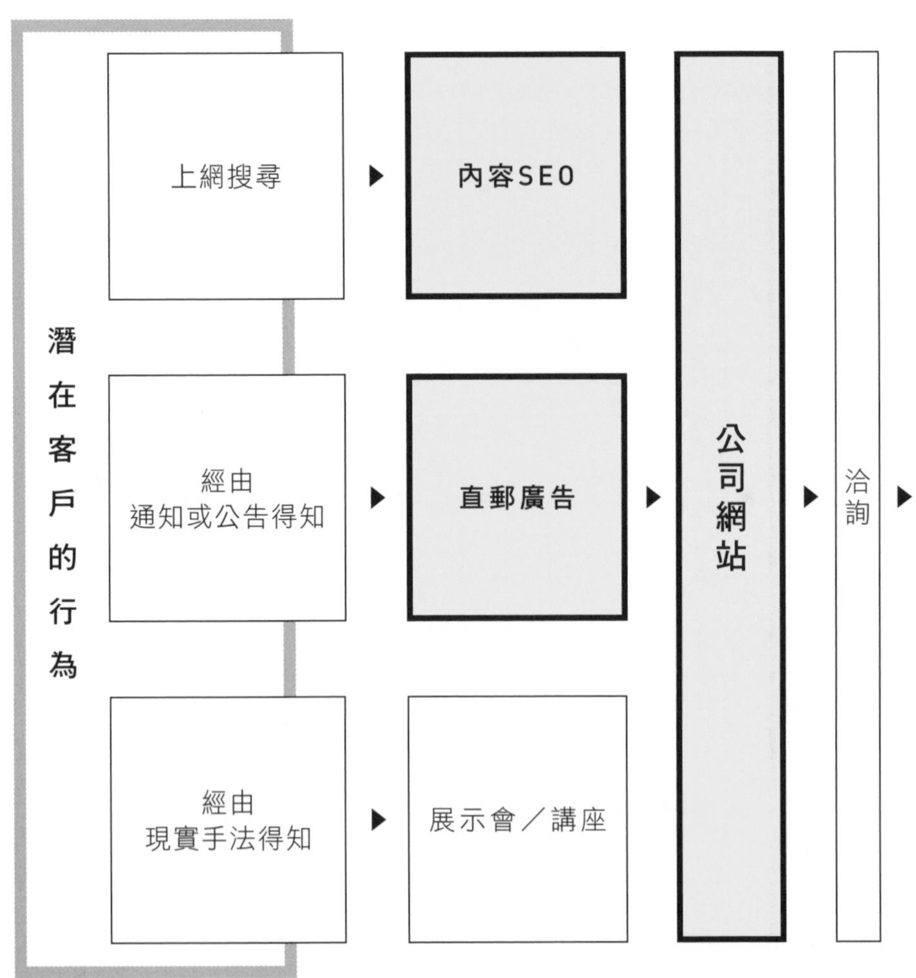

POINT1　針對各種規模的企業，運用數位與傳統2套方法集客

直郵廣告對中小企業有效，內容SEO與展示會則對大企業有效。

POINT2　在自有媒體上刊登有用資訊，建構品牌

不針對搜尋「冷凍食品」的使用者投放關鍵字廣告，而是針對為菜單或食譜煩惱的營養師提供有用的資訊，以獲得共鳴。

POINT3　定期發布內容，在許多媒體上曝光

刊登在自有媒體上的內容，也用來跟潛在客戶建立接觸點。

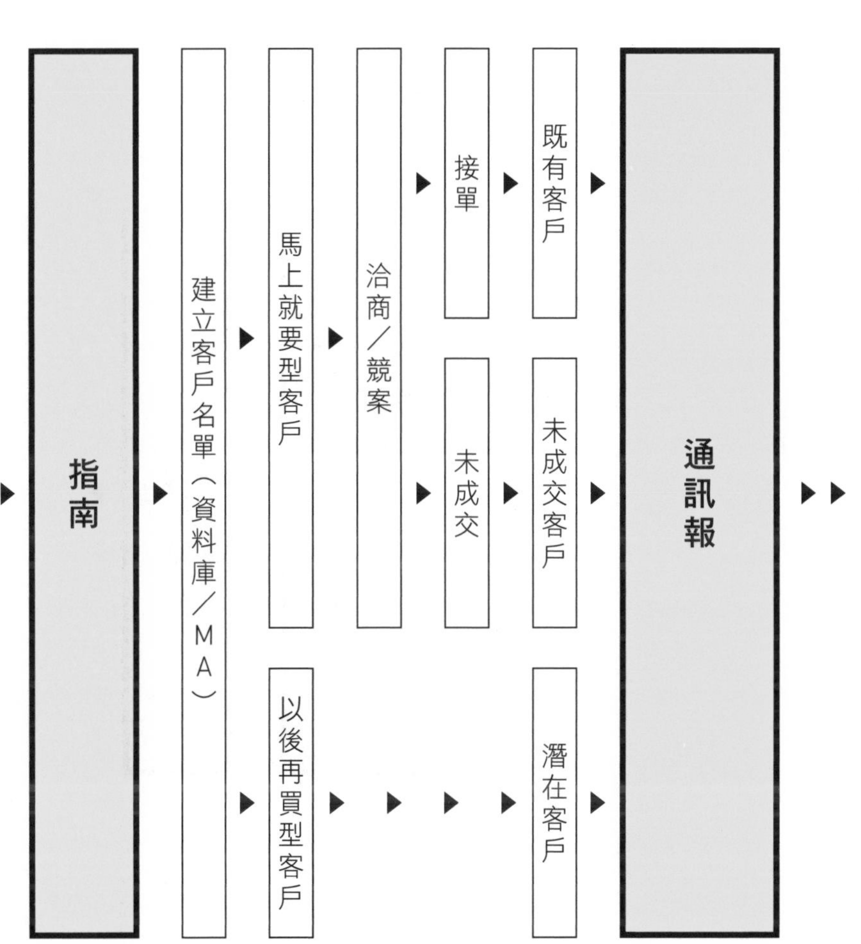

[案例④]…… 以上市企業及中堅企業為目標客戶的設計製作公司

簡單建立
集客、洽商、追蹤之機制

關鍵字廣告帶來的客戶占8成，也有一些新客源來自直郵廣告與內容SEO。看過自有媒體的潛在客戶有很高的機率願意洽談生意，所以要設法讓他們更容易找到文章。

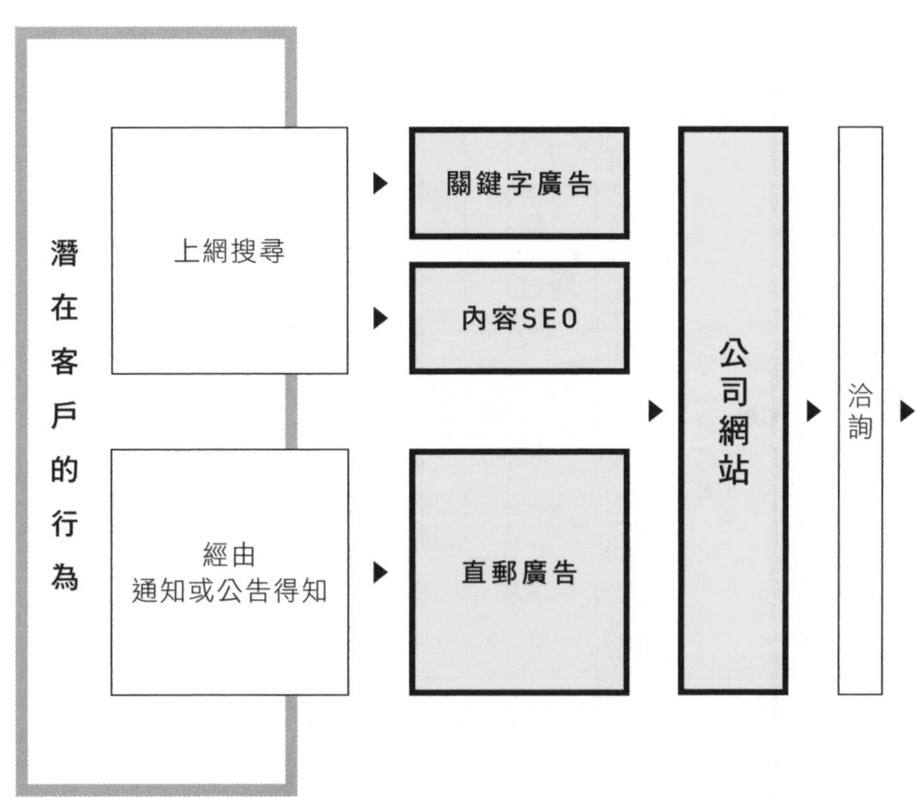

POINT1　顯在需求就用關鍵字廣告，潛在需求就用直郵廣告

除了這2種行銷手法外，再以內容SEO作為集客站。

POINT2　讓潛在客戶瀏覽公司網站獲得資訊

重視內容與動線，並且利用指南製造洽商機會。

POINT3　利用通訊報與電子報防止機會損失

利用通訊報，獲得以後再買型客戶與未成交客戶的反應。此外，利用2週發行1次的電子報，將客戶導向自有媒體。

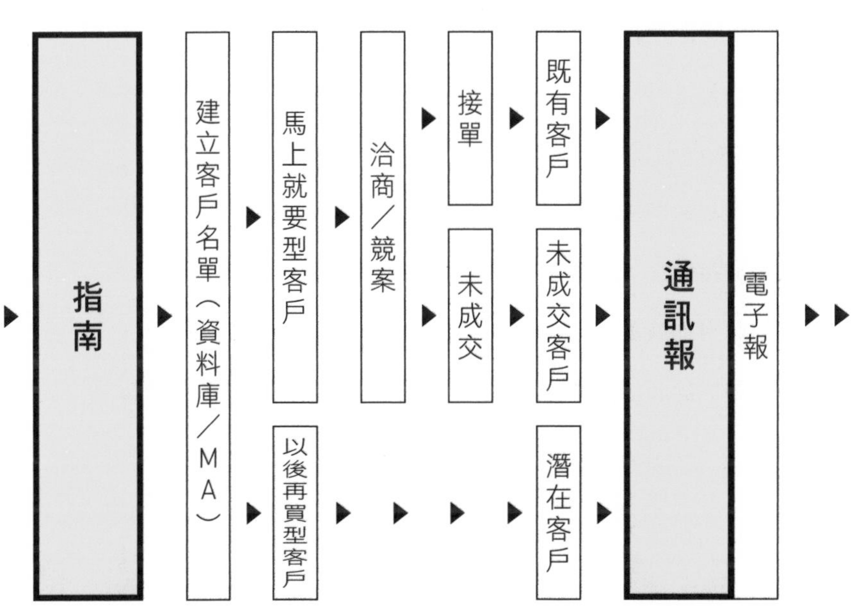

Chapter 3 重點整理

實踐！設計圖的建構方式

第一步是選擇客戶與認識客戶

- [ ] 評估網路行銷效果的「與網路的親和性」
- [ ] 評估課題或煩惱是否明確的「需求的顯在性」
- [ ] 推測可否交易的「發包或採購的流動性」
- [ ] 取決於窗口承辦人人物誌的「對表現的感受性」

選擇與認識客戶所用的框架

- [ ] 設定你想交易的企業與窗口承辦人的人物誌
- [ ] 利用8大檢查項目，找出對人物誌有效的要素
- [ ] 集客要根據需求是顯在還是潛在來決定要素的優先度
- [ ] 自動維持關係，以避免損失交易機會
- [ ] 不要想得很嚴肅，愉快地編寫腳本是建構設計圖的祕訣
- [ ] 「行銷設計圖」因業態而異，有100家公司就有100種設計圖

Chapter 4

企業客戶一定會造訪的「公司網站」

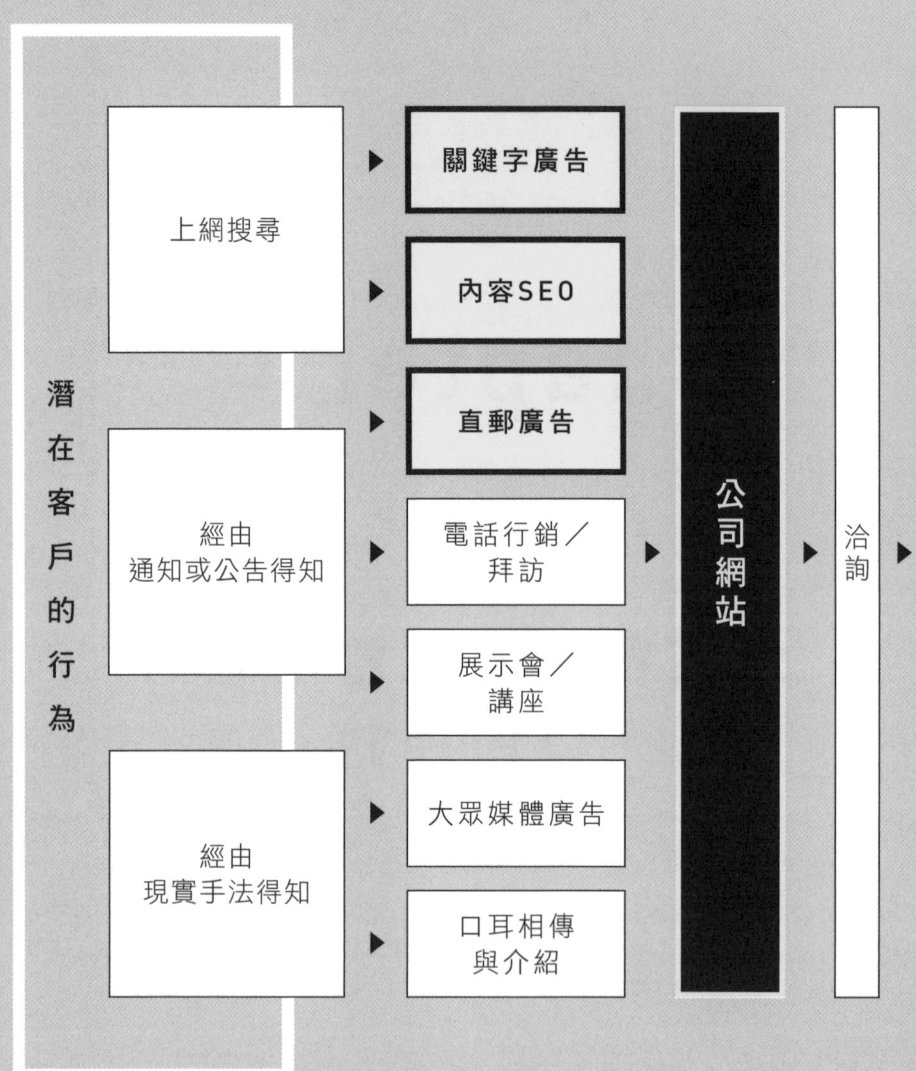
潛在客戶的行為
上網搜尋
經由
通知或公告得知
經由
現實手法得知
關鍵字廣告
內容SEO
直郵廣告
電話行銷／
拜訪
展示會／
講座
大眾媒體廣告
口耳相傳
與介紹
公司網站
洽詢

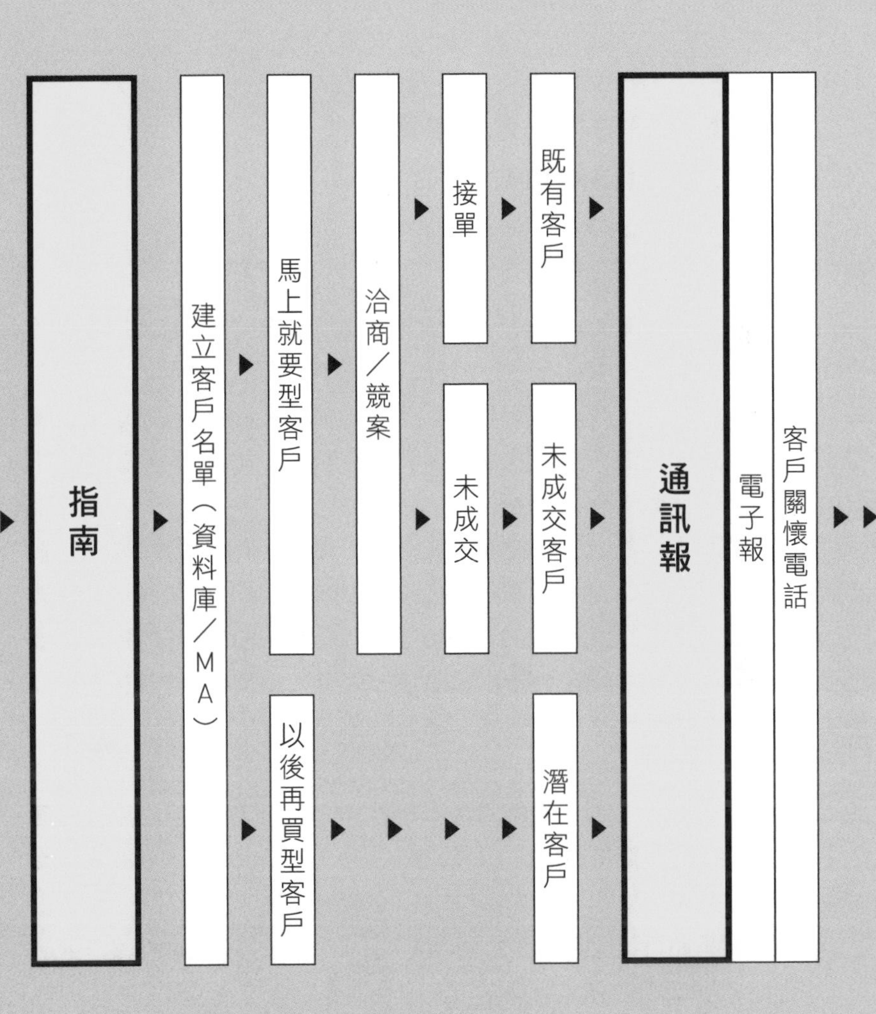

指南
建立客戶名單（資料庫／MA）
馬上就要型客戶
以後再買型客戶
洽商／競案
接單
未成交
既有客戶
未成交客戶
潛在客戶
通訊報
電子報
客戶關懷電話

01 為什麼公司網站那麼重要？

上網蒐集資訊的情況變成常態後，客戶一定會造訪的地方

從本章起，筆者就來為大家解說「行銷設計圖」中6大關鍵要素的重點。

公司網站是指企業的官方網站，這是企業與交易對象、最終使用者、供應商、股東與投資者、求職者、當地居民等所有利害關係人溝通的平台。主要的內容有公司簡介、產品或服務資訊、徵才資訊、最新消息與話題，如果是上市企業還會刊登IR（投資人關係）資訊等等。公司網站對業績的提升之所以很重要，大致上有2個原因。

第1個原因是，買家方面企業客戶的變化。從前企業考慮採用產品或服務時，蒐集資訊的方式通常是諮詢供應商的業務員，或者參加展示會或講座，但最近10年上網蒐集資訊的企業暴增。不只因為網路搜尋可更有效率地獲得資訊，還有影片與線上講座之類的技術革新，以及「不想被推銷的心態」等因素的影響。

第2個原因是，B2B的客戶一定會造訪公司網站。如同2-3的說明，B2B的客戶必須得到上司或決策者的同意才會決定購買。因此除了商品的品質外，還必須仔細調查販售的企業。至於調查方法，就是瀏覽公司網站。賣家若沒勤勞地在這裡提供資訊，便會造成很大的機會損失。

即便透過網路行銷或展示會與客戶建立接觸點，如果公司網站沒提供足夠的資訊，客戶就不會邁入下個階段。因為從客戶造訪公司網站的那一刻起，洽商就已經開始了。

▶ 圖4-1　B2B銷售需要提供足夠的資訊

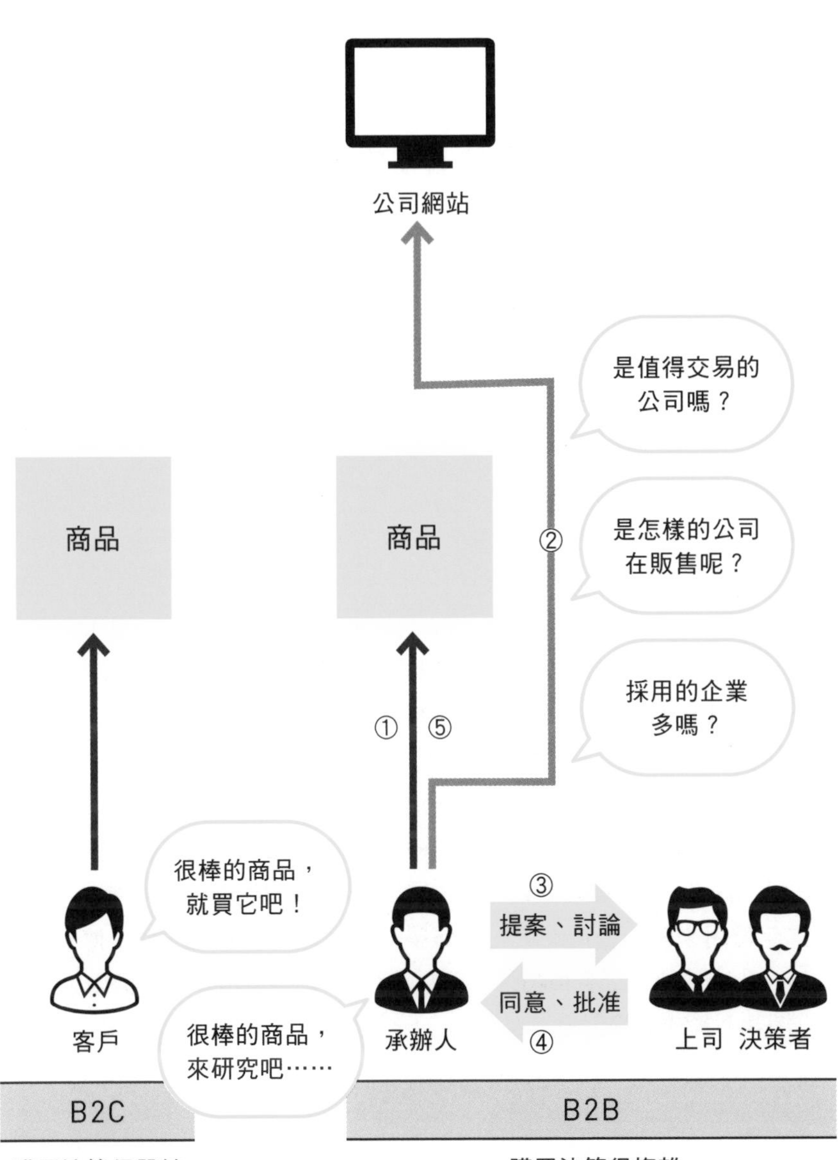
公司網站
是值得交易的
公司嗎？
是怎樣的公司
在販售呢？
採用的企業
多嗎？
商品
商品
②
①
⑤
很棒的商品，
就買它吧！
③
提案、討論
同意、批准
④
客戶
很棒的商品，
來研究吧……
承辦人
上司
決策者
B2C
B2B
購買決策很單純
購買決策很複雜

02 網站的種類與結構

利用可讓潛在客戶感受到價值的衛星網站作為輔助

企業想擴大交易對象時，只將心力投注在公司網站上是很難實現的，還需要有能輔助公司網站達成提升業績目標的網站。這種網站稱為「衛星網站」，如果說公司網站是主網站，衛星網站就是指如衛星一般圍繞公司網站的網站群。以Amazon為首提供網路購物服務的「電商網站」就是典型的例子，而B2B要提升業績同樣不可缺少衛星網站。

其中具代表性的例子就是「品牌網站」。只要為各項產品與服務，或者依照企業客戶的業態成立網站，就能更加容易獲得訪客的共鳴。舉例來說，如果是販售工具的貿易商，可以開設「銼刀」、「榔頭」等各類商品的網站，或是按照「切削」、「鑽孔」等功能設置網站。或者也可以按照「針對汽車製造商」、「針對建設公司」等產業類別設置網站。另外，點擊關鍵字廣告後前往的「到達網頁」，以及用於內容SEO、促進有需求的客戶造訪公司網站的「自有媒體」，也都是衛星網站。

之前衛星網站大多是作為SEO對策而設立的，而且使用不同於主網站的域名，此外還有成立大量的網站增加被連結數的手法。不過現在，衛星網站的品質也受到要求，如果要引導更多訪客前往主網站，就必須充實各個衛星網站的內容。除了衛星網站外，還有以求職者為對象的「徵才網站」、在特殊年份用來說明公司歷史的「週年紀念網站」、能夠輕鬆上傳影片的「YouTube頻道」等各種網站。只要靈活運用這些網站，就能讓初次造訪的潛在客戶產生品牌印象。

▶ 圖4-2 利用圍繞主網站的衛星網站提升企業價值

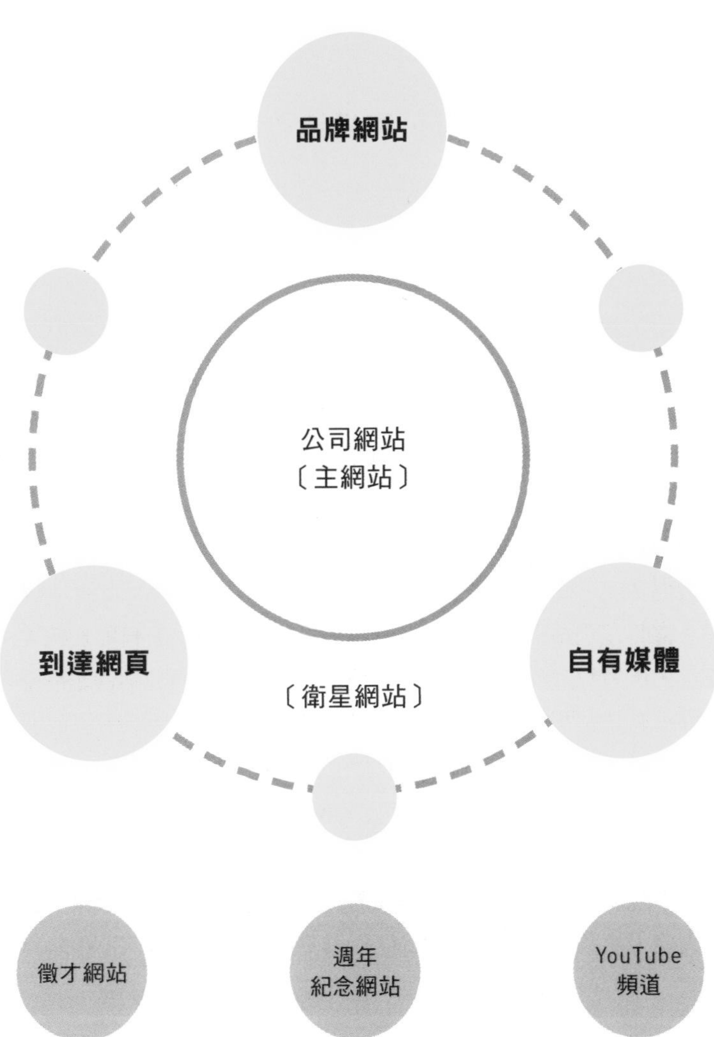

03 「商品在網路上賣不掉……」是天大的誤解

□ 販售高價商品的公司，應投注心力於「建立接觸點」

有些公司持續使用沒擬訂策略就製作的公司網站，是出於「我們公司是靠介紹接單的」、「販售的不是輕易就能賣掉的商品」、「根本沒人會造訪」等理由。不過，這是天大的誤解，公司有可能因此失去銷售機會。

筆者第一次上網購買的商品是公司的「印鑑」。那是2萬日圓左右的低價商品，記得當時是用「印鑑　公司　非常便宜」之類的關鍵字進行搜尋。這是2005年左右的事了，雖然印鑑是價格低廉的普通商品，不過當時就連B2B網購公司都有好幾家。因此筆者逛了4～5間公司的電商網站，之後選擇價格第二高，但看起來可以信賴的公司。因為該公司的網站提供充足的資訊，感覺得到價值。

之後過了10多年，首次遷移辦公室時，筆者上網搜尋可幫忙規劃格局的公司。當時在網路上諮詢過許多裝潢公司，還下載了資料與案例。由於價錢不便宜，筆者親自拜訪了幾家裝潢公司，最後發包給網站資訊最豐富的業者。另外，當時還想找機能性高的椅子，於是筆者以「辦公室　椅子　展示廳」進行搜尋，找到可試坐數種廠牌椅子的批發商，並且立刻造訪展示廳。因為價格比直接向廠商購買還要便宜，所以筆者一口氣買了15張德國製的椅子。

姑且不談低價商品，最近就連高價商品，也幾乎都是在網路上遇見潛在客戶。的確，並不是只要有網站就能獲得業績，但缺乏客戶接觸點是無法製造業績的。各位一定要投注心力於「在網路上建立接觸點」喔！

▶ 圖 4-3　對高價商品而言「建立接觸點」很重要

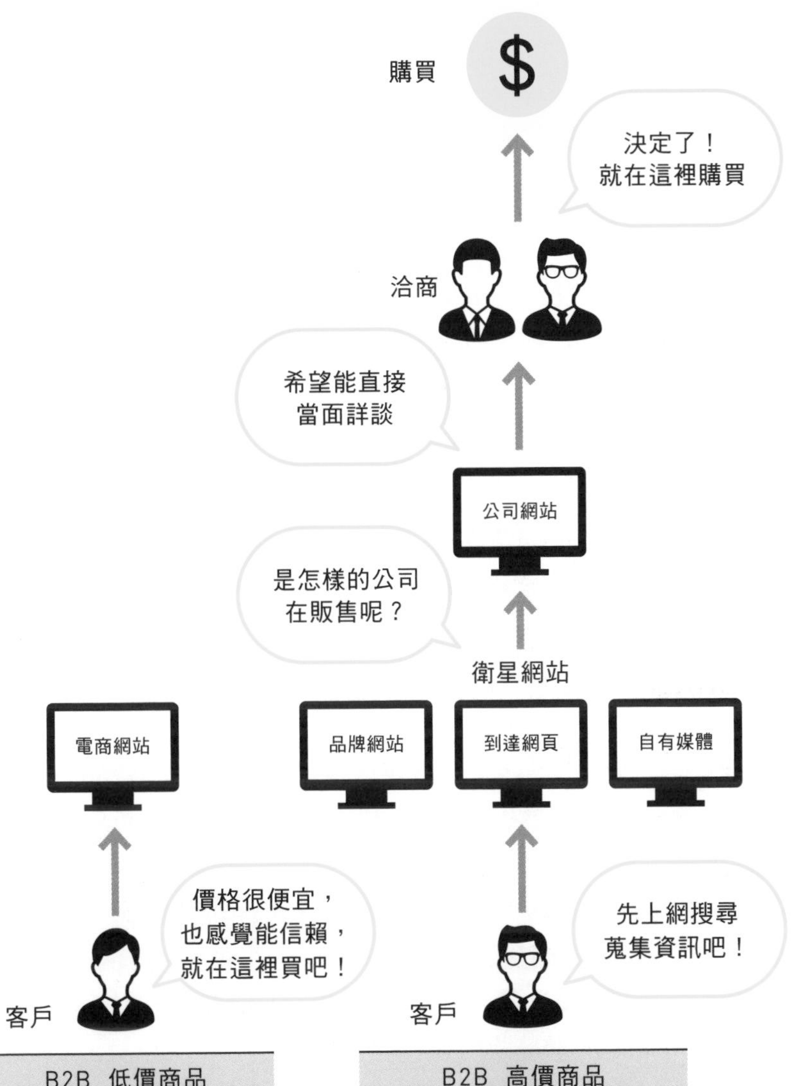

04 充實各項產品與服務的網頁

潛在客戶在乎的是「好處」，要回答2個疑問

造訪公司網站的使用者形形色色，如果只是網羅給各利害關係人看的資訊，是無法充分發揮網站作用的。因此重點就是，要將主要使用者鎖定為「初次造訪的潛在客戶」。這是因為，他們是最有助於公司將業績最大化的使用者。那麼，「初次造訪的潛在客戶」對什麼東西感興趣呢？

他們對公司本身，以及老闆、經營理念、公司簡介、沿革都不感興趣，說不定對產品或服務本身也是如此。潛在客戶在乎的是自己能得到的利益，也就是「好處」。因此，公司網站必須回答潛在客戶的2個疑問。

①為什麼必須購買這項商品？
②為什麼必須向這家公司購買？

潛在客戶是抱持著這2個疑問研究商品的。大多數的公司網站，並未以文字明確回答這2個疑問，只是一味寫出公司想宣傳的訊息，才會造成資訊的落差。

因此，公司網站要針對第1個疑問，說明購買商品後可解決的課題，明確標示客戶能得到的「滿意」。具體來說，客戶感想或採用實績等等，都能有效幫助潛在客戶想像採用後的未來。對於第2個疑問，提供意識到其他競爭者的資訊是有效的做法，不妨說明跟其他公司的商品比較時，自家公司的品質、成本效益、售後服務、品牌等「價值」。潛在客戶是從各種商品當中做選擇的。公司網站是潛在客戶一定會造訪的地方，在這裡產生的「共鳴」，能為之後的洽商帶來很大的優勢。

▶ 圖4-4 獲得「買家」潛在客戶共鳴的2大重點

敝公司…
老闆是…
商品是…
功能是…
賣不出去的公司

落差

我想知道的
不是這種資訊……
潛在客戶

你能得到的
好處是……
跟別家商品的
差別是……
賣得出去的公司

共鳴

這家公司
非常了解我！
潛在客戶

賣家	買家

公司網站

1	2
為什麼必須 購買這項商品？ ▼ 購買商品的理由	為什麼必須 向這家公司購買？ ▼ 向這家公司購買的理由

05 針對各裝置最佳化網頁及提升使用者體驗

□ 回應式設計以及讓訪客滿意的UI／UX

在B2B領域，最近幾年使用智慧型手機蒐集資訊的人愈來愈多。不僅開會時看得到員工用智慧型手機搜尋不清楚之處或資料，然後報告「○○的網站上寫著○○」，有些熱心工作的商務人士也會在搭電車通勤時蒐集資訊。但是，現在仍然有不少企業的公司網站，並未採用跨裝置設計。

跨裝置是指可在數種裝置上，使用網站或網路服務的手法，簡單來說就是在個人電腦、平板電腦、智慧型手機等各種裝置上，向使用者顯示最佳的瀏覽畫面。假如只有傳統的電腦版，在智慧型手機上瀏覽時文字就會縮小，每次要閱讀內容都得放大才行。此外也不方便點擊橫幅，操作起來很麻煩。這樣一來，專程造訪網站的潛在客戶跳出率就會變高。要在各種裝置上提供最佳瀏覽畫面，主流的方法就是採用回應式設計。這種方法不需要個別為每種裝置製作網站，只要使用同一個內容，當瀏覽器的視窗大小改變時，網頁就會自動變更為合適的瀏覽畫面。

UI（User Interface，使用者介面）與UX（User Experience，使用者體驗）也很重要。UI是指字型、設計等有關視覺的部分，UX是指跟動線與搜尋、洽詢等行動有直接關聯的部分。最近UI／UX追求的是更加獨特的構造，以及具意外性的動作。愈來愈多的網站講究呈現方式，例如採用文字或相片重疊的構造，製造動作不一的視差效果，或是只要捲動畫面就會出現新的內容等等。目的不光是「方便瀏覽」、「方便尋找商品」，還要讓潛在客戶初次造訪時可順暢且毫無壓力地蒐集資訊，並且對商品或公司產生共鳴。

▶ 圖4-5　在各個裝置上以最佳的方式傳遞資訊

你的公司

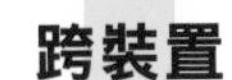

個人電腦使用者

平板電腦使用者

智慧型手機使用者

能夠順暢取得想要的資訊，
也對商品與公司產生共鳴！

06 設法讓訪客留下足跡

準備有魅力的提供物，讓人毫無壓力地索取資料

光是讓初次造訪公司網站的潛在客戶看完並理解內容，是無法帶來業績的。必須設法讓潛在客戶留下「足跡」才行。在B2B領域，留下足跡指的就是轉換（網路行銷追求的成果）。

B2B的轉換分成2大類，第1類是「索取資料」，第2類是「洽詢」。「索取資料」若以賣家的角度來說則是「提供資料」，例如下載PDF檔或郵寄印刷品等等，特點是潛在客戶能抱著輕鬆的態度申請。「洽詢」則是請潛在客戶輸入問題、煩惱或課題。潛在客戶通常不太願意將內部資訊提供給他人，而且還得花時間與力氣輸入一堆文字。因此，設置索取資料與洽詢並用的複合表單，讓潛在客戶既可索取資料，又能在表單的欄位自由輸入問題，也是一種有效的做法。

要讓造訪公司網站的潛在客戶留下足跡，不可缺少有魅力的提供物。有魅力的提供物就是對潛在客戶有幫助的內容，例如對煩惱或課題的共鳴、Know-How／建議／祕訣、採用後的好處、挑選發包對象的注意事項、產業趨勢、其他公司的成功案例（客戶感想）、收費的標準與明細、導入流程等等。這類內容若是在公司網站上提供簡介，至於詳細的說明則刊登在當作提供物寄送的「指南」或「通訊報」上，效果會更好。

不能寄送公司簡介與商品型錄之類的宣傳品。在「行銷設計圖」中，主角是「潛在客戶」而不是「公司」。請評估一下你想提供的資訊是否對潛在客戶有益。

► 圖4-6 與潛在客戶建立接觸點的流程

這很有幫助。
想知道更加
詳細的內容

反正不用錢，
就先申請
來看看吧！

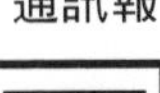

索取資料
洽詢

有魅力的提供物

- 對煩惱或課題的共鳴
- Know-How／建議／祕訣
- 採用後的好處
- 挑選發包對象的注意事項
- 產業趨勢
- 其他公司的成功案例
- 收費的標準與明細
- 導入流程

公司網站

07 以內容、設計、腳本這3個觀點思考

□ 了解潛在客戶，秉持「使用者優先」的態度發布資訊

想透過公司網站建立接觸點，就必須得到潛在客戶的共鳴，不過架設網站前別忘了一件事：客戶並非只研究1家公司而已。要在販售相似的商品或服務的眾多競爭者當中脫穎而出，讓客戶產生興趣，最重要的就是秉持「使用者優先」的態度。想正確發布使用者想要的資訊，必須設定你想交易的客戶人物誌，正確掌握其心理與行為。

這裡就以拉麵店為例吧！如果是可免費加大分量、氣氛活潑熱鬧的拉麵店，就會想到「男性」、「年輕有活力」、「便宜又能填飽肚子」這樣的人物誌；如果是開在漂亮街道上的店，則會想到「女性」、「健康」、「IG美照」這樣的人物誌。即便是相同的商品，表現手法與內容仍會視目標對象而異，這點在B2B也是一樣的。價格高或低、綜合或是專門、對象是大企業或中小企業、機能是高規格還是精簡版等等，總之必須規劃符合自家商品的內容與表現手法。

建構公司網站時，有3點必須注意，那就是內容、設計、腳本。內容主要是指潛在客戶的共鳴、好處、有用資訊。設計的目的在於營造對採用結果的期待，所以要用感覺得到先進性與未來性的表現手法增添魅力。最後的腳本是指能打動潛在客戶的故事。目的是藉由刊登客戶感想或專案介紹等採訪內容，讓潛在客戶感受到採用後的變化。

▶ 圖4-7

以3個觀點建立可獲得共鳴的公司網站

潛在客戶

發布　共鳴

建構符合人物誌的網站

反映　反映　反映

內容	設計	腳本
● 潛在客戶的共鳴、好處 ● 有用資訊	● 對採用結果的期待 ● 先進性、未來性	● 客戶感想 ● 專案介紹

秉持使用者優先的態度掌握潛在客戶的需求

你的公司

08 內容要以有用資訊與採用好處為主

請第三者說明，以獲得潛在客戶的共鳴與信賴

冒昧請問各位，邁入網路社會之後有什麼東西大幅改變了呢？生活變得方便、溝通變得熱絡、與全世界建立連結……等等，各個方面都有所進步了。在行銷上，網路社會的本質是「買家變得比賣家更占優勢」。即使人在辦公室裡也可以立刻搜尋商品，還可以比較價格。此外，網路上也有分享商品使用感想的網站，購買之前可獲得許多資訊。買家的選擇變多，意謂著賣家的競爭變得激烈，不過這也是獲得銷售機會的好時機。如果只販售商品是很難製造差異的，要獲得共鳴與信賴就必須提供「有用資訊」與「採用好處」。

有用資訊是指，回答潛在客戶「為什麼必須購買這項商品」之疑問的內容。企業要代為表述煩惱或課題，讓潛在客戶產生共鳴，然後提出具體的解決方案。此外也要說明依據與理由，並且展現採用後的改善狀況。

採用好處是指，回答潛在客戶「為什麼必須向這家公司購買」之疑問的內容。若要說明商品比競爭者更好的部分或優勢，「客戶感想」是最合適的工具。實際吃過的顧客說「這家店的拉麵很美味」，會比店主自己說「我們的拉麵很好吃」更具說服力，這點在B2B也是一樣的。另外，初次交易時，消除「風險」與「疑慮」這2個潛在客戶的「障礙」也很重要。真的能改善狀況嗎、其他公司的商品是不是比較好、售後服務夠周全嗎……等等，買家企業對新交易的擔憂是無窮無盡的，因此賣家要減少風險，盡力消除買家的疑慮喔！

▶ 圖4-8 公司網站的2大內容

網路社會的本質是

買家的地位

賣家的地位

賣家若要實現差異化，就必須發布內容

利用公司網站的 2 大內容勾起買家的興趣

內容 1
有用資訊

內容 2
採用好處

「為什麼必須
購買這項商品」
的回答

「為什麼必須
向這家公司購買」
的回答

獲得潛在客戶的共鳴，
展現採用後的改善狀況

為了提高說服力，
請第三者（既有客戶）說明

□ 刊登客戶感想與採用案例，可獲得確實的效果

刊登「客戶感想」時，要注意3個重點。第1個重點是，拜託與今後的目標對象人物誌很接近的企業客戶。如果想跟大企業交易就找大企業，如果想跟製造商交易就找製造商。另外，即便公司規模小又沒名氣，假如對方跟知名企業有生意往來，就應該優先拜託對方。因為潛在客戶很有可能看到與貴公司交易的企業後，感受到價值。第2個重點是，運用問卷。拜託客戶「可否提供800字的客戶感想」，對方通常會覺得麻煩，或是提供搞錯重點的評論。因此，建議從你希望得到的評論設定8～10個問題，再根據問卷的回覆內容撰寫文稿。這樣一來不只客戶不用費事，你也能夠寫出可期待效果的文稿。第3個重點是，請專業攝影師拍攝相片。即便文稿內容很有趣，潛在客戶若沒有「想看」的念頭也是枉然。外行人用數位相機拍攝的相片，是不足以讓潛在客戶感受到文章的可信度或商品品牌的。「客戶感想」不僅可刊登在公司網站上，還有各種用途，例如用於洽商或通訊報等等。就算得花預算，也要講究視覺表現喔！

另一種有效的內容，就是「專案介紹」。「客戶感想」是企業客戶的承辦人以第一人稱進行說明，「專案介紹」則是公司的承辦人與企業客戶的承辦人，幾個人聚在一起開設座談會。由於用的是會話口吻，不僅帶有真實感，讀者也能看得很輕鬆，還能宣傳公司與客戶之間的良好關係。缺點是要花時間、勞力與費用。除了請攝影師拍攝，還要委託專業的編輯寫手主持座談會與撰寫文稿。

要告訴潛在客戶「採用好處」，客戶感想與專案介紹是最有效且令人印象深刻的手法。雖然要付出時間、勞力與成本，不過可以期待收到確實的效果。

▶ 圖4-9 告訴潛在客戶「採用好處」的2種方法

	客戶感想	專案介紹
文體	第一人稱	會話口吻
登場人物	基本上只有1人 （只有企業客戶）	數人 （企業客戶與自家公司）
方法	根據採訪或 問卷撰寫文稿	採訪及 當天的主持
製作	也可由內部製作	需要外包
攝影	委託專業攝影師	
好處	消除潛在客戶的 疑慮與風險	宣傳自家公司 與客戶之間的良好關係
壞處	知名企業 有可能拒絕	要花工夫調整日程 並花費成本

要得到潛在客戶的信賴，這是最有效且令人印象深刻的方法

09 展現先進性與未來性為設計增添魅力

□ 製作動態網頁，帶給使用者期待感與滿足感

《你的成敗，90%由外表決定》（竹內一郎著）是一本銷量超過100萬冊的暢銷書。內容固然精彩，不過應該也有許多人是因為書名頗具震撼力而記住這本書吧？筆者認為，這個道理也可套用在B2B行銷上。就算推出很棒的產品或獨一無二的服務來貢獻社會，「外表」依然很重要。尤其公司網站可說是公司的「顏面」，切記別讓初次造訪的潛在客戶感到失望。

最近很流行製作動態網頁。這種網頁並非單純提供資訊而已，它還能帶給使用者期待感與滿足感。以視差為例，這種手法是在捲動頁面時放慢背景的速度，或是讓各個要素從不同的位置冒出來，藉此呈現深度不一的視覺效果。由於每次捲動頁面就會出現新的要素，能帶給人猶如觀看一則故事的投入感。訪客看了之後產生期待感，想知道接下來會發生什麼事，於是就會忍不住捲動頁面繼續看下去。至於比傳統的動畫更高階的動態圖像，則是給文字、相片、插畫加上動作或音效製成的圖像，這是一種介於影片與靜態圖像的表現手法，能夠呈現出如電視節目的片頭那般高品質的視覺效果。除此之外，移動電腦的游標，或者手指在手機螢幕上移動，圖像就會產生變化的互動式網頁也變多了。

說到勾起使用者興趣的方法，當然不能漏掉影片。雖然要花成本，但讓人印象深刻且資訊量大，是很有效果的手法。總之重點就是，要運用各種手法呈現先進性與未來性。

▶ 圖4-10 公司網站的成敗，90%由「外表」決定

公司網站是公司的「顏面」

感受得到先進性與未來性的設計

＋

帶給使用者期待感的動態功能

視差	**動態圖像**	**影片**
利用視差呈現深度 觀看故事般的投入感	給文字、相片、插畫 加上動作或音效製成	利用震撼感與資訊量 吸引使用者

提高使用者的期待感與滿足感！

10 針對商品及客戶關係編寫讓人信服的腳本

利用「故事」與「客戶旅程」勾起興趣

大受歡迎且價格昂貴的陳年葡萄酒之所以賣得掉，並不是因為滋味或品質「很好」。原因在於，第一次購買葡萄酒的顧客，其實並不知道滋味或品質的好壞。這個道理也可以套用在所有商品上，顧客購買的並非「很好的」商品，而是「好像很好的」商品。企業要賣的是「故事」而非「東西」，這點很重要。即便是隨處可見的商品，只要寫好腳本就能讓人感受到價值。例如對商品的想法、對原料的講究、創始人的甘苦談、資深員工的技術、與供應商之間的關係、對社會或環境的貢獻等等，只要試著從各種角度盤點自家公司與商品，應該就能發現靈感。

另外，在哪個時間點發布什麼樣的資訊也很重要。「客戶旅程」即是將潛在客戶得知商品、調查商品、購買或簽約這段歷程中的情緒與行為，編寫成一個腳本。舉例來說，假設某中小企業考慮採用勤惰管理軟體，人物誌則設定為在該企業總務部任職的30歲女性。首先，她接到總務經理的指示，掌握公司內部的課題，並且上網蒐集其他公司的採用案例等資訊。接著，她參加講座與展示會，從中選出4個候選者向經理提案，再從中挑出2款適合自家公司的勤惰管理軟體，然後與廠商洽談。最後不是基於價格考量，而是看售後服務的充實度決定供應商——只要分析這段過程就能得知，從遇見客戶到成交的各個階段需要什麼樣的內容。

要勾起潛在客戶的興趣，必須構思商品本身的「故事」，以及用來與客戶建立關係的「客戶旅程」這2種腳本。

▶圖4-11 勾起潛在客戶興趣的2種腳本

腳本1

商品或公司的「故事」

〔建構品牌所需的6種觀點〕

對商品的想法	對原料的講究
創始人的甘苦談	資深員工的技術
與供應商之間的關係	對社會或環境的貢獻

腳本2

與潛在客戶同行的「客戶旅程」

（例）考慮採用勤惰管理軟體的中小企業

興趣／關注	「先掌握公司內部的現狀，研究勤惰的課題吧！」
▼	
蒐集資訊	「調查其他公司的採用案例，以及軟體的功能與價格吧！」
▼	
比較研究	「實際操作4家公司的軟體後，從中挑出2家公司。」
▼	
購買／簽約	「決定向售後服務充實的供應商購買。」

＊這裡刊登的是簡略版客戶旅程

11 公司網站建置完成後才是真正的開始

□ 利用CMS與網站分析，進行有效果的更新及運用

在網路上發布資訊，必須總是即時提供新鮮的內容，這點很重要。因此，當你要翻新公司網站時，要以完成後的「更新」及「運用」為前提規劃網站。若考量成本與速度，更新及運用最好是自己來，不過有些東西適合內部製作，有些東西則是委外製作比較好。前者有「最新消息＆話題」、「採用案例」或「銷售實績」、「客戶感想」或「專案介紹」，如果是上市企業還有「IR資訊」。假如是以文字及相片構成、能夠建立固定格式的網頁，就盡量由公司的內部人員進行更新。至於後者是指「產品或服務資訊」、「徵才資訊」等，需要花心思企劃與設計的網頁。與其勉強內部進行，花費成本來提高品質會比較好。

想要輕鬆更新及運用網站，目前的主流方法是使用CMS[*1]。使用CMS的話不需要具備專業知識，操作就跟更新部落格文章差不多，因此公司能夠輕易自行更新。另外，分析訪客的行為與特性的「網站分析」，則可利用Google Analytics，或是埋入MA特有的標籤等方法。這樣一來，就能將潛在客戶關注哪個網頁以及造訪頻率「可視化」。只要個別寄電子郵件給網頁瀏覽次數多的潛在客戶，就能提高洽商的可能性。

由於現在是技術日新月異，而且必須經常發布新內容的時代，建議公司網站至少每5年就要改版（翻新）1次。

---

*1 Content Management System的縮寫，即內容管理系統。這是一種無須具備程式或設計方面的知識，也能夠建構、管理網站的系統

▶ 圖4-12 公司網站 更新及運用的全貌

由內部更新

- 最新消息＆話題
- 採用案例或銷售實績
- 客戶感想或專案介紹
- IR資訊

等等

由外部更新

- 產品或服務資訊
- 徵才資訊

等等

將內部的更新及運用「效率化」

使用CMS

〔WordPress、Movable Type　等等〕

將潛在客戶的行動「可視化」

網站分析

〔Google Analytics、MA特有的標籤　等等〕

每5年改版1次

Chapter 4 重點整理

企業客戶一定會造訪的「公司網站」

B2B的潛在客戶一定會造訪的「行銷設計圖」核心

如今B2B的主戰場不再是電話行銷與銷售拜訪，而是發布有益資訊來吸引潛在客戶的「集客式銷售（Inbound Sales）」，網路行銷已是不可避免的趨勢。之後登場的關鍵字廣告與內容SEO會受到矚目，就是出於這個原因。不過，如同2-3的說明，B2B的客戶在洽詢之前一定會造訪公司網站。要是特地投入預算實施網路行銷，但潛在客戶看到公司網站後，卻認為「還是別跟這家公司洽談吧」，就會造成很大的機會損失。有2種原因會導致這種情況。

第1種原因是內容不足。B2B不同於B2C，產品或服務本身的特徵、與其他公司商品的差異大多很難弄清楚，因此一定要提供充足的資訊。最近隨著技術的進步，愈來愈常看到設計性高的動態網站。不過，當中也有不少網站講究視覺表現，但內容卻很單薄膚淺。如同本章的說明，網站提供的內容要以有益資訊與採用好處為主，並且豐富到足以讓潛在客戶理解與信服。

第2種原因是「拼湊」太多東西。這種情況就是一再增加網頁，導致網站變得愈來愈多層，動線變得愈來愈複雜，使得訪客在網站裡迷路。易用性低的話就無法找到需要的資訊，這就是跳出率變高的原因。若要避免這種情況，網站至少3～5年就要全面翻新1次。在B2B市場，公司網站是「行銷設計圖」的核心。投資的成本，一定會變成業績回收回來。

設置公司網站的目的，是為了與初次造訪的潛在客戶建立接觸點。因此要站在使用者的立場規劃，這點很重要。

- [ ] 客戶尋找商品時，最先使用的是Google搜尋
- [ ] 購買高價商品時，客戶一定會造訪公司網站
- [ ] 如今B2B洽商的主戰場是網路
- [ ] 設置公司網站的目的是與潛在客戶建立接觸點，而不是「販賣」商品
- [ ] 在產品或服務的網頁上，說明採用好處
- [ ] 向暴增的智慧型手機使用者，提供最佳瀏覽畫面
- [ ] 準備有魅力的提供物，讓訪客確實留下足跡
- [ ] 內容以有益資訊與採用好處為主
- [ ] 外表很重要！利用設計增添魅力，並使用動態表現手法
- [ ] 用故事與客戶旅程編寫腳本
- [ ] 利用CMS與網站分析，有效率地更新及運用網站

以企業的公關、經營企劃為對象讓他們留下足跡

□ 為潛在客戶準備值得一看的免費提供物

為企業規劃及製作小冊子與網站等宣傳物的製作公司，其所設定的企業客戶人物誌為員工超過500人的上市企業與中堅企業，至於承辦人的人物誌則是直屬於老闆的「經營企劃部」，以及負責公司內外宣傳的「公關部（上市企業的話則是公關與IR部）」的員工。企業的規模愈大，選擇發包對象時的態度愈謹慎，所以作為首個入口的公司網站，更新及運用都要特別投注心力。

包括首頁在內的內容，除了「概念」、「服務」、「企業資訊」、「徵才資訊」外，還有「專案」、「製作案例」、「話題」等每天更新的網頁。初次造訪的潛在客戶，如果已決定好想要的商品，通常就會移動到「服務」頁面，瀏覽「製作案例」與「專案」這些相關頁面。反觀需求未顯在化的潛在客戶，則沒有特定的動線。例如有些潛在客戶是聽了口碑或介紹，抑或看了直郵廣告後，上網搜尋公司名稱才找到網站的。絕大多數的潛在客戶，都是看了關鍵字廣告所導向的到達網頁，或是電子報所連結的自有媒體，才會想要了解發布訊息的企業。無論面對的是顯在客戶還是潛在客戶，最終目的都是要讓他們洽詢（索取資料），所以在服務的各個頁面準備可輕鬆索取的免費提供物。

最近的客戶不會輕易輸入個人資料。因此，讓初次造訪的客戶產生「好感」，獲得他們的「信賴」是很重要的。「品質」與「價格」等規格之後再談。為了消除潛在客戶的疑慮與風險，「專案」與「製作案例」要盡量多刊登一點內容，努力建立信賴感。

► 圖4-13 公司網站 概念圖

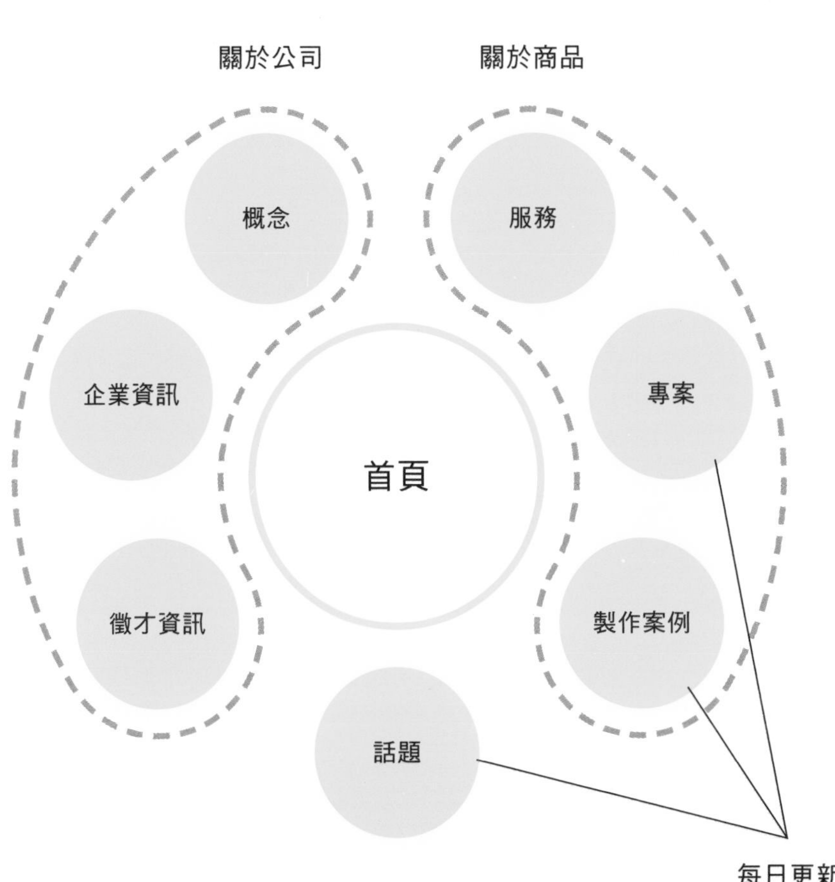

▸ 圖4-14　公司網站 各網頁的要點

首頁	● 以在公司內部拍攝製作的影片為亮點 ● 只要點一下，就能前往最想給潛在客戶看的「專案」頁面 ● 包含選單與網站導覽在內，要能立即前往所有網頁 ● 在底部設置自有媒體、經營者的部落格等網站的橫幅連結
概念	● 為了與其他公司做出區隔，使用令人印象深刻的標語 ● 刻意委託外部文案寫手，以客觀角度傳達訊息
服務	● 刊登自家服務圖表，讓人一目了然 ● 按「目的」與「服務」類別設置網頁，掌握潛在客戶與顯在客戶感興趣的頁面 ● 目的類別分成「販售促進」、「組織強化」、「人才招募」3個主題 ● 服務類別按各個項目準備不同的免費提供物
專案	● 刊登故事來展現「與客戶同心協力」之方針 ● 由員工與企業客戶的承辦人一同回顧專案 ● 為了與潛在客戶建立信賴關係，花時間、勞力與成本進行採訪與拍攝 ● 至少2個月更新1次
製作案例	● 為了盡量多刊登一點案例，將委託客戶到完稿的過程機制化 ● 讓潛在客戶可按「目的」、「項目」、「標籤」輕易搜尋到想看的案例 ● 先請客戶填寫問卷，再由內部寫手根據回覆內容撰寫文稿 ● 設置樣本頁面，讓潛在客戶能夠了解封面與內頁的設計
企業資訊	● 「經營者的話」以講述歷史的口吻，說明成立公司的經過 ● 主要交易對象要優先列出大企業的名稱
徵才資訊	● 不只刊登「員工的話」，也透過員工座談會宣傳公司風氣 ● 舉行外包夥伴座談會，展現外部人士對自家公司的印象
話題	● 有關公司發生的事、新服務的推出等消息，每月更新幾次 ● 相片最好也要講究，設法勾起潛在客戶的興趣

Chapter 5

利用搜尋廣告建立接觸點的「關鍵字廣告」

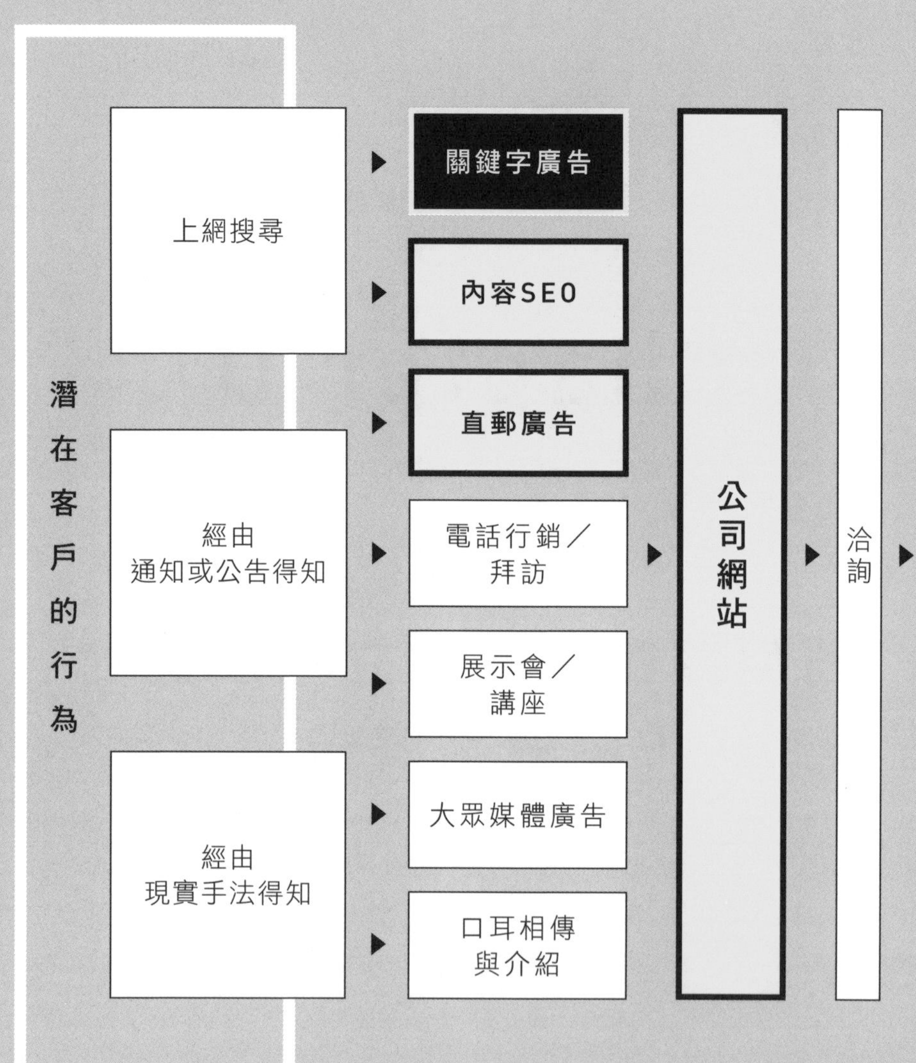
潛在客戶的行為
上網搜尋
經由
通知或公告得知
經由
現實手法得知
關鍵字廣告
內容SEO
直郵廣告
電話行銷／
拜訪
展示會／
講座
大眾媒體廣告
口耳相傳
與介紹
公司網站
洽詢

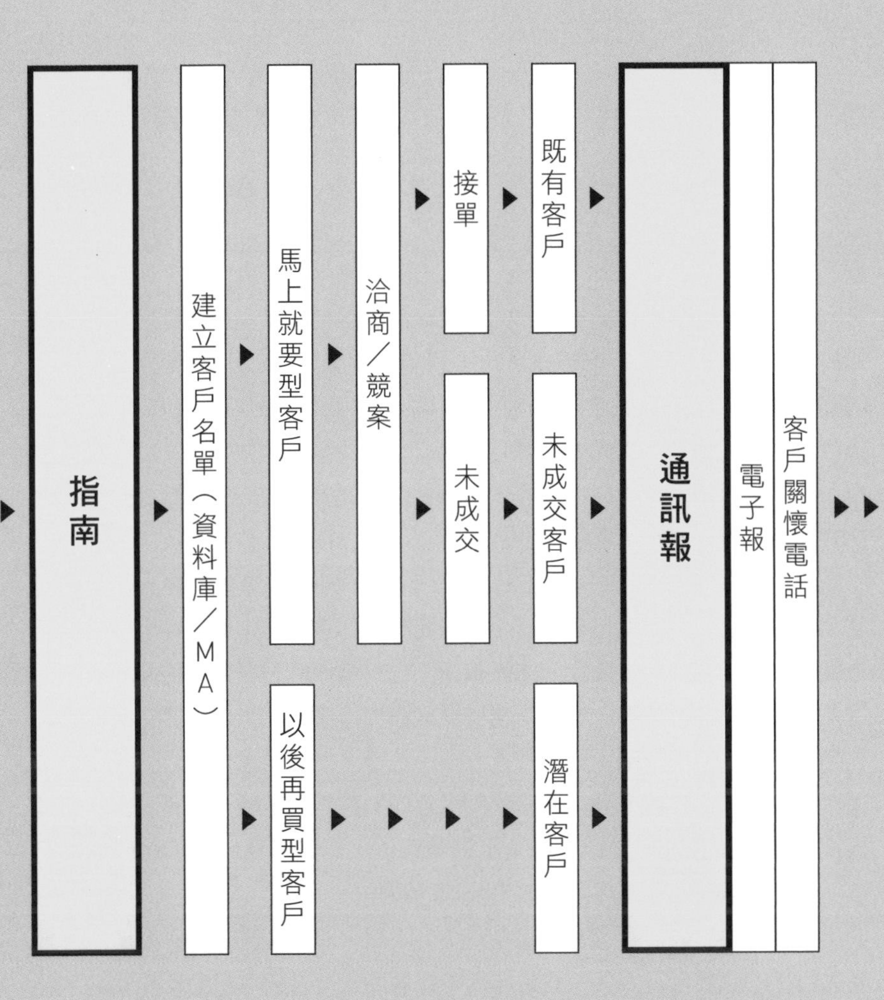
指南
建立客戶名單（資料庫／MA）
馬上就要型客戶
以後再買型客戶
洽商／競案
接單
未成交
既有客戶
未成交客戶
潛在客戶
通訊報
電子報
客戶關懷電話

01 網路行銷的基礎

SEM的2大台柱——「SEO」與「關鍵字廣告」

在網路行銷領域，利用搜尋引擎增加網站訪客的所有手法，統稱為SEM（Search Engine Marketing，搜尋引擎行銷）。SEM可分成2大類，分別是SEO（Search Engine Optimization，搜尋引擎最佳化）與關鍵字廣告。前者是提升網站構造與內容的品質，設法讓網站排在廣告框之外的「隨機搜尋」結果前幾名。搜尋結果的排列順序取決於Google的評分，愈有益的網站排名愈前面。不過，因為評分標準未公開，這很難說是可靠的方法。後者的關鍵字廣告，是在搜尋結果頁面上顯示商品廣告的方法。雖然要付費，不過可靠性與再現性都很高，能夠期待收到碩大的成果。想提升公司網站的流量，就得詳細了解這2種方法。

關鍵字廣告分成「搜尋廣告」與「多媒體廣告」2種。搜尋廣告就如同字面上的意思，假如使用者已有想找的商品或想調查的主題，搜尋結果頁面上就會顯示相關廣告，因此能在需求顯在化時發揮威力。只要用商品或主題以及相關字詞進行搜尋，例如「重型機械設備　出租　東京　非常便宜」、「勤惰管理　中小企業　勞動方式改革」等等，搜尋結果頁面上就會出現重型機械設備出租公司或勤惰管理軟體供應商的廣告。至於多媒體廣告，則是根據新聞或部落格等文章內容顯示相關廣告，例如「都心的不動產價格上漲」這篇文章，就會出現公寓銷售公司的廣告。

B2B的客戶很少看了廣告就立刻決定購買，而且廣告未必會出現在符合商品目標的媒體上，因此不建議運用多媒體廣告。至於本書介紹的關鍵字廣告，則是指搜尋廣告。

▸ 圖5-1　SEO與關鍵字廣告的關聯性

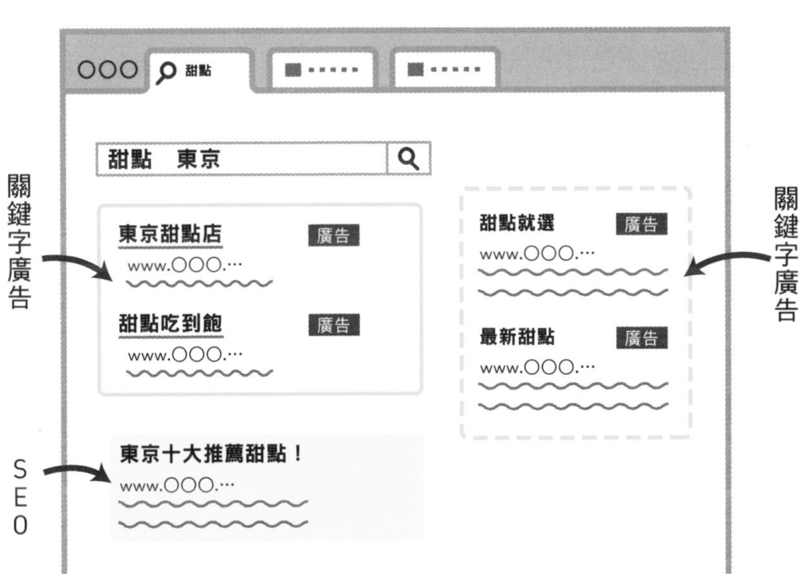

02 最有效果且再現性高的手法

□ 在競爭者不多的B2B市場，槓桿效益非常值得期待

關鍵字廣告是一種只要懂得靈活運用，就能期待碩大成果的手法。大致的使用流程，就是向Google或Yahoo!支付廣告刊登費，然後在使用者的搜尋結果頁面上，顯示想販售的商品付費廣告，以增加自家網站的流量。付費廣告為PPC（Pay Per Click，點擊付費制），只在使用者點擊廣告時才會產生費用。Google的廣告服務為「Google Ads」，Yahoo!則是「Yahoo!廣告」。搜尋廣告基本上為文字廣告，如果是多媒體廣告或再行銷廣告（參考6-5），也可使用橫幅圖片。

關鍵字廣告是招攬新潛在客戶的方法之一，具有3大優點。

第1個優點是「即效性」，能立即帶來洽商機會與業績。上網搜尋的使用者，絕大多數都是需求已顯在化。也就是說，使用者多為想要的東西很明確的「馬上就要型客戶」。第2個優點是「再現性」很高。舉例來說，假如投放的廣告在1週內得到1件反應，就能預測1個月約有4～5件反應，1年則有50～60件反應。只要能預測未來洽商或成交的件數，經營就能趨近穩定。第3個優點是「擴張性」很大，假如廣告的顯示地區設定為「東京23區」，獲得反應之後，接下來便可擴大到「關東圈」、「關東、關西、中部圈」、「日本全國」，只要擴大顯示地區就能期待得到更多的反應。這意謂著市場範圍可一口氣擴大。

關鍵字廣告是槓桿效益最大的集客方法。尤其B2B的競爭者沒那麼多，只要花點心思業績應該就能「突飛猛進」。

▶ 圖5-2　關鍵字廣告 3大優點

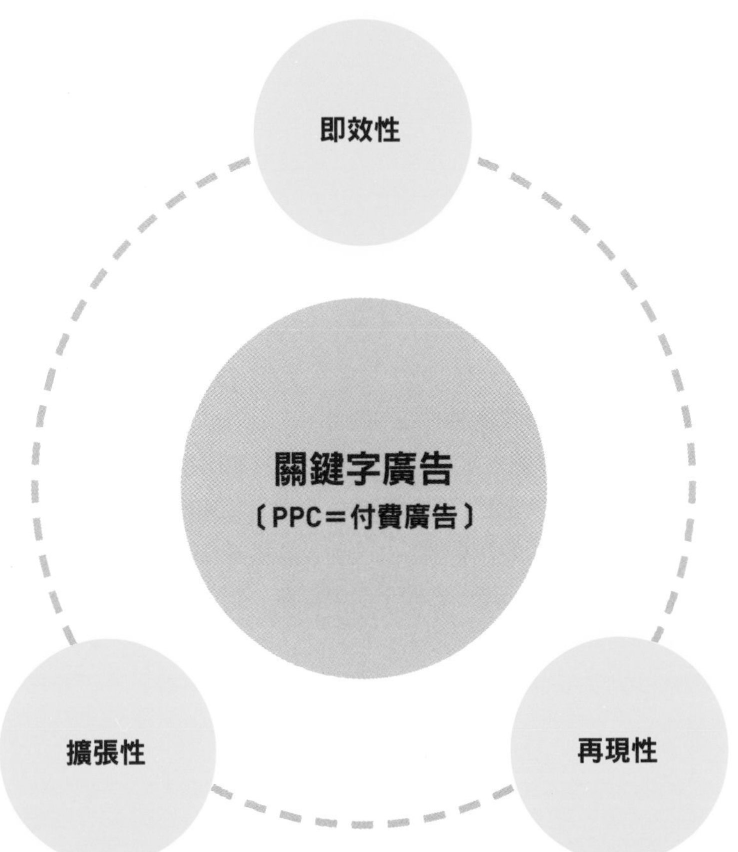

即效性	● 能立即促成洽商機會，一旦成交就能帶來業績 ● 使用者多為想要的東西很明確的「馬上就要型客戶」
再現性	● 只要得到1件反應，即可期待之後的反應 ● 可預測1個月後或1年後的業績，經營很穩定
擴張性	● 只要在特定地區得到反應，即可期待其他地區的反應 ● 可一口氣擴大商品的市場範圍

□ 能夠獲得業績的公司，與無法獲得業績的公司之差異

有些企業運用關鍵字廣告後業績提升，但也有企業得不到成果而停止投放廣告。兩者的差別在於有無做到以下3點：①選擇能獲利的商品；②掌握小眾關鍵字；③準備充足的集客站。

第1點「選擇能獲利的商品」，是評估哪個商品適合利用關鍵字廣告銷售。只要使用Google的關鍵字規劃工具，就能得知某個關鍵字某段期間的搜尋量，不過就算搜尋量大，也不該選擇競爭者多的商品，或是利潤率低的商品。此時應以LTV為選擇標準，並且必須是①具回購性的商品，或者是②外溢效果大的商品（參考2-10）。換句話說，選擇時要以中長期觀點評估，商品是否不只賣1次，1年可交易數次，或者能夠經由最初賣出的低價前端商品，得到賣出高價後端商品的機會。

第2點「掌握小眾關鍵字」也很重要。尤其B2B領域，存在著行話與黑話之類的特殊用語。只要能找出這些小眾關鍵字，並發布潛在客戶想要的資訊，即使搜尋量少依舊很容易獲得共鳴。反觀搜尋量大的大眾關鍵字，則是擠滿了包括大企業在內一堆強力競爭者的紅海。廣告費也很驚人，所以不推薦中小企業與中堅企業使用。

第3點，如果沒有「準備充足的集客站」，CVR就會低迷而得不到成果。這裡說的CVR（Conversion Rate，轉換率）是指，點擊關鍵字廣告的使用者當中，索取資料或洽詢之類留下足跡的比率。即便潛在客戶對廣告感興趣，客戶名單沒增加的話也是枉然。想提高CVR，必須充實廣告所連結的到達網頁、提供物與公司網站（參考5-7）。

▸ 圖5-3 **關鍵字廣告 獲得成果的3大原則**

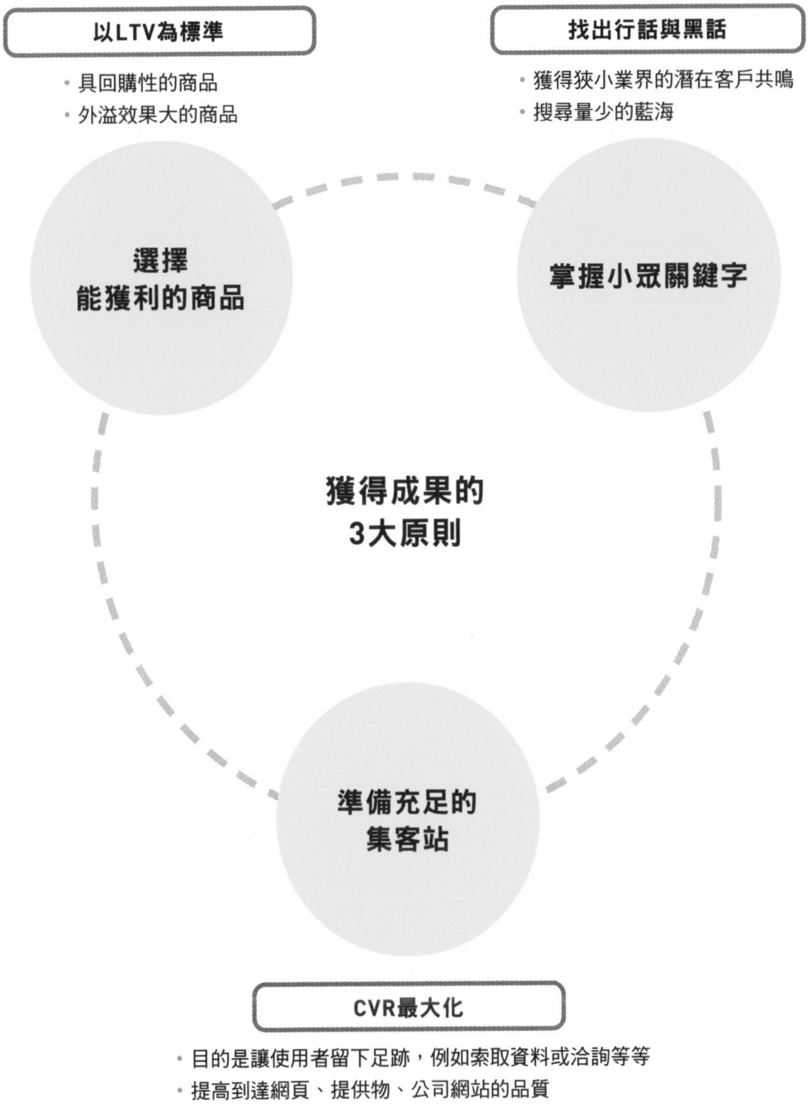

以LTV為標準

- 具回購性的商品
- 外溢效果大的商品

選擇能獲利的商品

找出行話與黑話

- 獲得狹小業界的潛在客戶共鳴
- 搜尋量少的藍海

掌握小眾關鍵字

獲得成果的3大原則

準備充足的集客站

CVR最大化

- 目的是讓使用者留下足跡，例如索取資料或洽詢等等
- 提高到達網頁、提供物、公司網站的品質

03 幾乎零風險！接下來只剩行動了

□ 足以改變商業模式或收益方法的影響力

關鍵字廣告對B2B企業的效果，筆者本身就有格外深刻的感受。

創業後大約4年的期間，筆者的集客方式都是以直郵廣告為主。雖然透過郵寄、傳真、電子郵件、表單等各種媒體發送廣告，不過這畢竟是推式行銷，只能自己利用週六、日的時間拚命寄信。筆者會從大型求職網站蒐集電子信箱，再複製原稿貼到郵件裡然後發送出去。或是製作一份總公司位在東京的上市企業名單，然後透過該企業的洽詢表單寄送銷售郵件。另外，筆者每年還會向企業調查公司購買幾次名單，使用郵寄DM這種傳統手法。雖然反應率不差，但令人傷腦筋的是要花費成本、時間與勞力。

某天，筆者藉著醉意，向一名在講座中認識、對網路行銷很熟的男性發牢騷：「籍籍無名的中小企業很難找到新客戶呢。」結果他這麼回答：「中野先生製作的直郵廣告，內容分明很精彩，為什麼你不試試關鍵字廣告呢？」這句話成了改變公司的關鍵。

筆者相信他的建議，立刻刊登「企業內部刊物」這項商品的關鍵字廣告。筆者自行思索文字廣告與搜尋關鍵字，廣告活動的製作與詳細設定則請他幫忙。才投放1週，很快就有人洽詢了。雖然每年大約要花40萬日圓的廣告費，不過7年來公司已獲得超過3億日圓的銷售額。

本節的重點不是要分享小小的成功經驗，而是要告訴各位，關鍵字廣告是一種就算小額投資，也能獲得龐大報酬的集客方法。

► 圖5-4 **使用關鍵字廣告之前與之後**

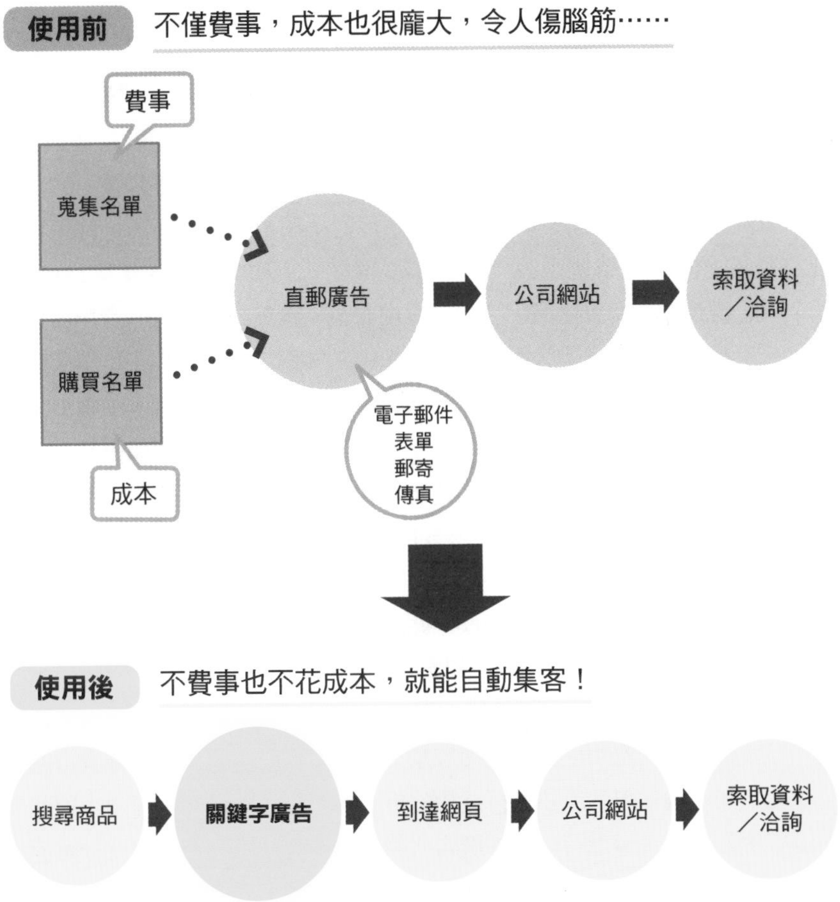

使用前 不僅費事，成本也很龐大，令人傷腦筋……

使用後 不費事也不花成本，就能自動集客！

□ 可控制預算而且零風險，能夠輕鬆踏出第一步

不同於必須招攬許多潛在客戶的B2C，B2B不需要大規模的投資。原因有二。

第1個原因是，搜尋量本來就少，所以不花費用。據說日本國內的企業超過200萬家，但若考量企業的規模、地區、業態等因素，能成為交易對象的企業數量應該很有限。換言之，B2B企業的潛在客戶並沒有想像中的多。

第2個原因是，能夠控制成本，不僅可從小額預算開始運用，也可事先設定預算上限等。舉例來說，只要事先設定「1天的廣告預算是2,000日圓」、「廣告只在關東圈顯示」就不會白花錢。至於投放廣告的費用，只需支付「平均單次點擊出價×點擊次數」而已。舉例來說，假如平均單次點擊出價是40日圓，1個月內有1,000次點擊，費用就是40日圓×1,000次＝40,000日圓[*1]。而且只要等獲得反應後，再增加投資金額，例如提高廣告預算或擴大廣告的顯示地區就好，因此可以說幾乎零風險。這堪稱是大眾媒體廣告、直郵廣告、展示會參展等，一開始就得花費預算的廣告手法所沒有的優點。

最後要說明的是，請人代為操作關鍵字廣告時的注意事項。大多數的廣告代操公司，都很勤勞地更新文字廣告或到達網頁，有些還會進行A／B測試比較2種廣告版本的效果。最後，提出流量分析或效果測定之類的分析報表，並索取花費的費用。如果是搜尋量大的B2C商品，這個做法確實可期待一定的效果，但B2B就算要進行這類分析，搜尋量（分母）也有限，因此不建議一開始就委託會進行分析的廣告代操公司。只要內容夠充實就一定能獲得成果，就算失敗也只要收手就好。總之先輕鬆地刊登看看吧！

---

*1　如果請人代操廣告，還要再加上外包費用

▶ 圖5-5　B2B的關鍵字廣告沒有壞處

B2B只需小額投資就能期待碩大的成果！

理由①

費用負擔本來就不大

- 可作為對象的企業客戶不多
- 搜尋量本身很少

理由②

可先小額投資而且能夠控制

- 可事先設定預算上限
- 可限定廣告的顯示地區

增加廣告預算，一口氣擴大市場範圍！

能夠零風險掌握機會

如果失敗，只要停止投放廣告就好

如果成功，就能預測穩定的業績

04 投放廣告的流程與必要準備

謹慎選擇商品，確實獲得轉換

若要成功操作關鍵字廣告，只規劃使用者願意點擊的廣告是不夠的。

首先，你必須選擇想販售的商品。最好選擇可期待高LTV的商品，而不是只能帶來一次性業績的商品。此外，選擇競爭者少的小眾商品也是重點之一。像筆者就沒刊登「公司簡介」與「網站」的關鍵字廣告，因為這些都是只帶來一次性業績、不具持續性的商品。另一個原因是，目標客戶的範圍太廣，未必能吸引到自己想交易的客戶主動洽詢。不過，會發行「企業內部刊物」的企業，通常值得信賴而且規模很大；會製作「公司史」的企業，則是創立數十年的老字號企業。另外，會發包製作「致股東報告書」的只有上市企業。換句話說，有效的做法就是，只挑你想交易的企業會製作的商品刊登關鍵字廣告。

接下來，終於要執行廣告活動了。不過，在Google與Yahoo!上投放廣告之前，有幾樣東西必須先準備好。那就是到達網頁、表單、提供物與MA。

到達網頁就是點擊廣告後前往的網頁。通常1則廣告對應1項商品，並且使用直長形的一頁式網站進行宣傳。要讓潛在客戶透過到達網頁索取資料或洽詢，就不能缺少表單，有興趣的潛在客戶就在表單輸入公司名稱、聯絡方式、洽詢內容等等。按下「發送」的那一刻，即是可喜可賀的轉換了。MA則是用來統一管理透過表單接收到的客戶資訊。至於提供物是促進潛在客戶行動的東西。

▸ 圖 5-6 **關鍵字廣告的流程／全貌**

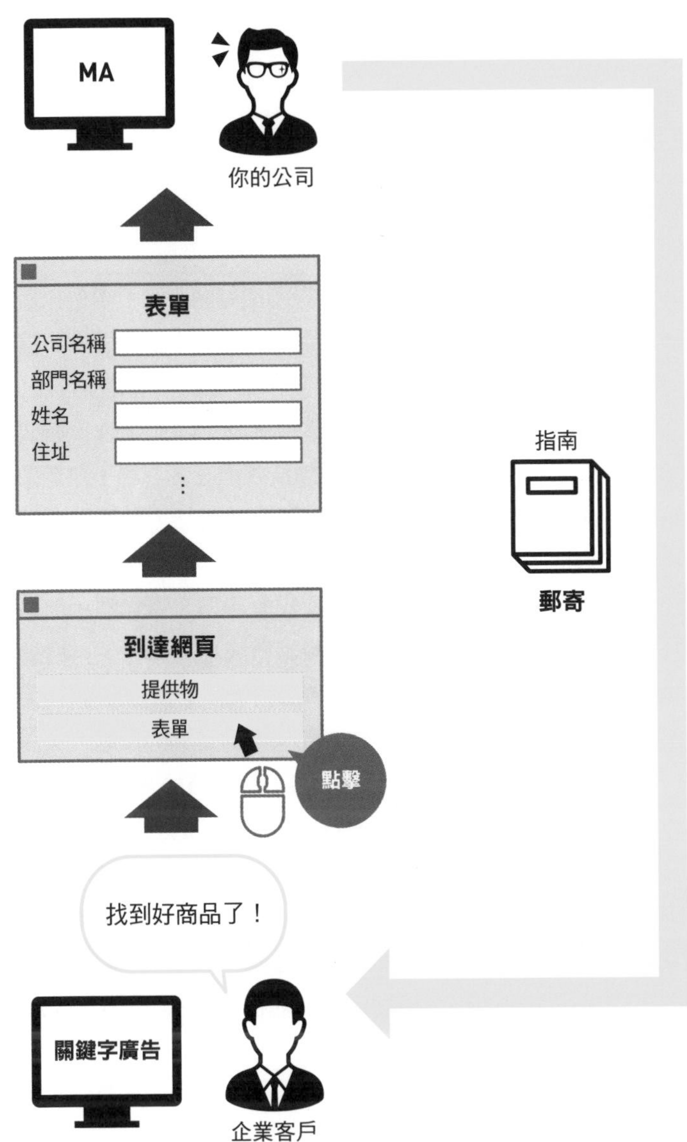

05 Google與Yahoo!的設定方式

設定廣告活動並正式投放後，還要著手改善運用方式

想刊登關鍵字廣告，必須跟Google或Yahoo!簽約才行，本節就來說明想在初期提高成本效益需要注意的重點。

首先，想像潛在客戶的心理與行為，規劃搜尋關鍵字。舉例來說，如果是印刷品的製作公司，除了「企業內部刊物」這個商品名稱外，還要設定「製作公司」、「外包廠商」、「設計」、「企劃」等字詞。只要使用Google的關鍵字規劃工具，就能找到適當的字詞。除此之外，還要構思顯示在搜尋結果頁面上的文字廣告，你必須設法讓潛在客戶忍不住想要點擊。基本上1項商品設定1個廣告活動，如果販售數種商品，可用同一個帳戶統一管理所有的廣告活動。

接著，詳細設定1天的預算上限、單次點擊出價、廣告顯示地區、再行銷（參考6-5）等項目。踏出小小的第一步累積成功經驗後，再增加預算或擴大顯示地區，這才是聰明的運用方式，千萬不要一開始就大規模投資。

投放廣告之後，還要改善運用方式。如果得到足夠的反應，可以增加預算以期擴大市占率，如果沒得到反應就改善，這時請檢查是否為以下3種情況。首先，如果廣告的點擊次數少，就站在潛在客戶的立場更換文字廣告。你也可以準備數種文字廣告，調查何者的反應較多。接著是點擊次數多，但沒獲得轉換的情況，原因可能是到達網頁未讓潛在客戶產生共鳴，或是提供物缺乏魅力，這時要重新構思內容。最後是抵達表單卻離開的情況，這時不妨考慮減少填寫項目，或是採用輸入郵遞區號就能自動填寫地址之類的方法。

► 圖5-7　**從廣告活動的設定到改善運用方式**

Google／Yahoo!
廣告活動的設定

搜尋關鍵字　**文字廣告**

預算上限　**單次點擊出價**　**顯示地區**

再行銷　等詳細設定

開始投放關鍵字廣告

持續改善運用方式

沒得到反應時的檢查項目

- □ 點擊次數少 → 變更文字廣告
- □ 轉換少 → 變更到達網頁或提供物
- □ 在申請時離開 → 變更表單

06 深入了解客戶才能寫出正確的「文字廣告」

□ 廣告標題以「客戶」為主詞獲得共鳴

顯示在搜尋結果頁面上的文字廣告，是由「廣告標題」、「顯示網址」、「說明」這3個部分組成。三者都有字數限制，所以要盡量寫得簡潔易懂。廣告標題是最醒目的要素，因此要包含潛在客戶搜尋時極可能輸入的字詞（搜尋關鍵字）。第一關鍵字設定為想賣的商品名稱，第二關鍵字設定為潛在客戶有可能輸入的字詞。以重型機械設備出租公司為例，「挖土機」、「起重機」、「堆高機」等等是第一關鍵字，「出租」、「租用」、「工廠」、「非常便宜」等等為第二關鍵字。說明若能加入促進使用者行動的殺手級關鍵字會更具效果。不妨活用「免運費」、「掌握關鍵」、「公開Know-How」、「成功祕訣」之類的字詞吧！

關於廣告標題，非常重要的一點就是，要以「客戶」為主詞撰寫。只要注意這點，反應率就會大幅提升。例如以下的標題。

- **（想知道）激發員工閱讀欲的企業內部刊物的祕密**
- **致股東報告書的委外製作必須謹慎（考慮才行）**
- **設計公司製作的公司史（是怎樣的東西？）**

（　　）是代為表述潛在客戶的心情，這樣的標題應該很容易獲得共鳴吧？別以賣家觀點撰寫，也不要加入公司名稱喔！假如是「○○○的企劃製作就找□□□公司」、「○○○市占率第一的□□□公司」這類標題，便是以想將商品賣出去的心情為優先，因此無法得到潛在客戶的共鳴。另外，到達網頁、直郵廣告與指南等本書介紹的所有手法，也都要以客戶為主詞撰寫。

▶ 圖 5 - 8　**用心撰寫廣告標題與說明提高點擊率**

潛在客戶的搜尋結果頁面上顯示的文字廣告

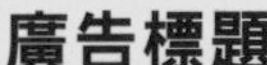

說明

包含搜尋關鍵字

第一關鍵字　商品名稱

第二關鍵字　可能會輸入的字詞

加入促進行動的字詞

殺手級關鍵字　「免費」「Know-How」「祕訣」「建議」「祕密」「成功」「提升業績」　等等

以「客戶」為主詞更容易獲得共鳴！

企業內部刊物的企劃製作就找〇〇〇股份有限公司

激發員工閱讀欲的企業內部刊物的祕密

重型機械設備出租業績與市占率第一的〇〇〇股份有限公司

◎ 1天1台也OK！隨時隨地都可租借重型機械設備

07 對成果影響甚鉅的「到達網頁」是什麼？

□ 傳遞專業資訊，利用有魅力的提供物獲得轉換

到達網頁是指，使用者經由關鍵字廣告或橫幅廣告的連結，最先抵達的網頁。有時也會在公關活動中當作新聞稿的集客站來運用。不同於公司網站及電商網站，到達網頁主要為直長形的一頁式網站。這是因為可以省去瀏覽其他頁面的時間，讓潛在客戶專注在商品上。到達網頁的目的在於轉換，也就是取得潛在客戶名單，因此文案與設計的品質不能太差。基本上必須幫每項商品個別製作1個到達網頁，為自家公司建立商品或相關領域的「專家」地位，獲得潛在客戶的共鳴與信賴。最近也有愈來愈多企業花心思規劃到達網頁，例如刊登客戶感想或採用實績、導向自有媒體上的相關文章、使用影片有效地呈現訊息等等。另外，因為B2B的潛在客戶會造訪公司網站，保持資訊與表現手法的一致性也很重要。

既然要建立專家地位，到達網頁的內容必須值得一看，而且能讓潛在客戶獲得嶄新的發現才行。除此之外，提供物也很重要。目前的主流做法，是將商品的相關知識、挑選的祕訣、最近的趨勢等資訊，編輯成小冊子郵寄給客戶，或是製成PDF檔請客戶下載。為什麼提供物很重要呢？這是因為，潛在客戶若覺得提供物魅力不大，就很難達成轉換。現代的客戶不會隨隨便便輸入個人資料。請準備能夠讓人覺得「無論如何都想得到這個內容」的提供物。

▶ 圖 5-9　**提高轉換率的到達網頁**

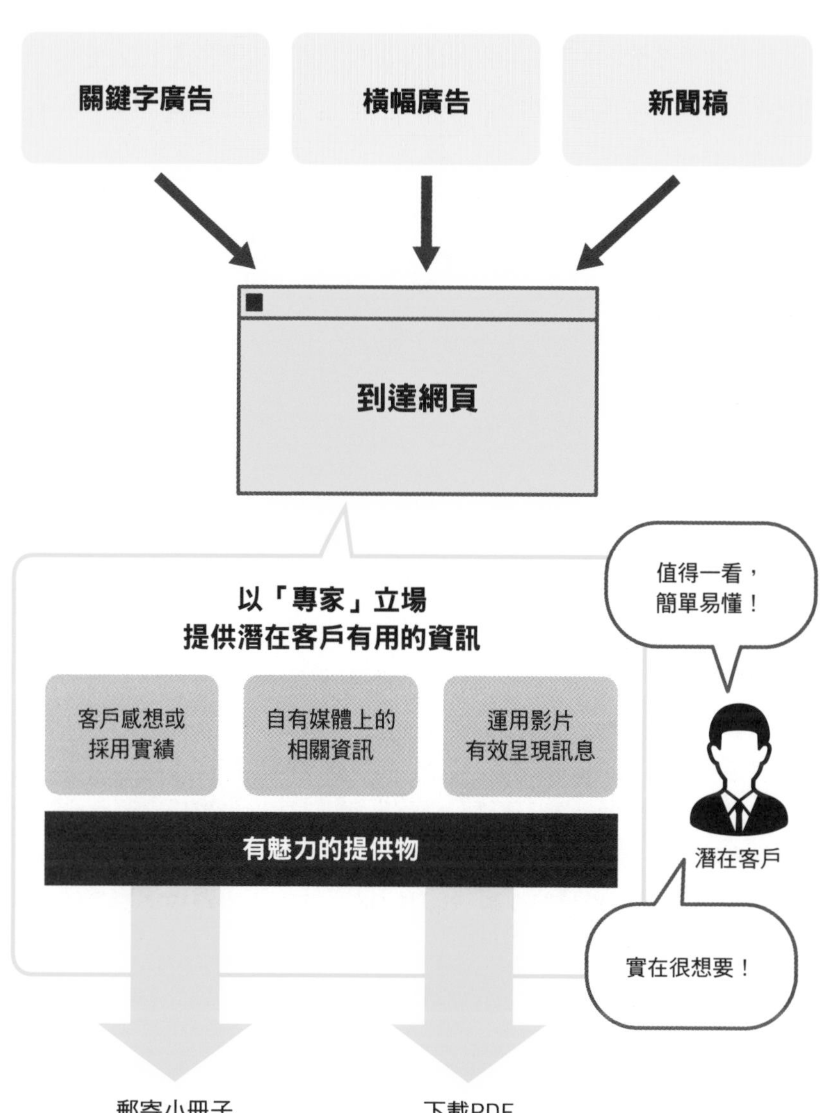

□ 業績的差距，來自於銷售文案撰寫能力的差距

B2B的關鍵字廣告，最大目的就是「如何用最少的預算，蒐集到許多優良的潛在客戶名單」。不同於重視印象、無法測定效果的大眾媒體廣告，關鍵字廣告是個全都能化為數值決定成敗的嚴酷領域。即便是相似的商品，廣告內容也會大大影響結果。那麼，賣得掉商品的廣告與賣不掉商品的廣告有什麼差別呢？

差別就在於撰寫銷售文案的能力。銷售文案就如同字面上的意思，是用來銷售商品的文章，這是一種能在電視、雜誌、網路購物上發揮威力的技巧，最近10年日本也終於開始關注。不過，這其實是100多年前就有的手法，從前歐美就有銷售文案寫手這項職業，像蓋瑞・哈伯特（Gary Halbert）、約翰・卡爾普斯（John Caples）、約瑟夫・休格曼（Joseph Sugarman）這些「大師」，真的只靠文字就為企業帶來龐大的業績。在日本，著名行銷人——神田昌典所提出的「PASONA法則[*1]」也很有名。這個Know-How確實能帶來成果，筆者也廣泛運用在直郵廣告與指南上。刊登廣告獲得潛在客戶的反應並直接帶來業績的方法，稱為直接回應行銷，關鍵字廣告就屬於這個領域。如果你的公司想靠自己行銷，寫作能力是絕對不可或缺的技能。

撰寫銷售文案時，有3點必須注意。第1點是要獲得潛在客戶的共鳴。不僅要了解他們的煩惱與課題，想像他們的心理與行為也很重要。第2點是腳本要盡量寫得具體一點。不要只是提出解決方案，還要提出證據、數據、採用案例等資料進行合理的說明。第3點是不要搞錯話題的順序與比例。有關公司與商品的事，只要在最後的1成提起就夠了，關鍵字廣告的前面9成，要以潛在客戶為主體展開話題。

*1 譯註：PASONA法則最早是指P（Problem）：提出問題；A（Agitation）：凸顯問題引發共鳴；SO（Solution）：提出解決方案；N（Narrow Down）：縮小與限定；A（Action）：促進行動。後來神田昌典又將此架構更改為P（Problem）：提出問題；A（Affinity）：引發共鳴；S（Solution）：提出解決辦法；O（Offer）：具體提案；N（Narrow Down）：縮小與限定；A（Action）：促進行動

▶ 圖5-10　**以「銷售」為目的的直接回應行銷**

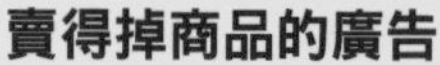

賣不掉商品的廣告

就算「商品」並無太大的差別，
也能靠「寫作能力」製造頗大的業績差距

直接回應行銷

大眾媒體廣告

以「銷售」為目的的廣告，
所有項目幾乎都可數值化

重視印象的廣告，
無法測定效果

銷售文案

1. 得到潛在客戶的共鳴
2. 腳本寫得具體一點
3. 不要搞錯話題的順序與比例

Chapter 5 重點整理

利用搜尋廣告建立接觸點的「關鍵字廣告」

□ 雖然是沒有缺點的集客手法，但選擇協力公司時要注意

關鍵字廣告是當前受到矚目的「內部銷售（Inside Sales）」核心。不僅具有「即效性」，可立刻觸及「馬上就要型客戶」，容易直接帶來業績，而且還具有「再現性」，只要得到一次成果就能預測未來的業績。此外也可期待「擴張性」，只要在一個地區成功，用不著開設分店或增加營業據點，市場範圍也能一口氣擴大。事實上，筆者的公司若沒使用關鍵字廣告，應該也沒辦法持續增加業績吧。這種廣告可從小額預算開始運用，而且零風險，筆者深深覺得這是沒有缺點的集客手法。不過，放棄刊登廣告的企業，以及停止刊登廣告的企業似乎也變多了。

前者絕大多數是因為「準備與設定很麻煩」。Google與Yahoo!的設定畫面很特殊，而且經常更新功能，所以得花工夫研究與設定。另一個原因是，需要相當的初期投資，例如到達網頁、表單與提供物的製作以及MA的導入等等。後者則是因為沒有效果。尤其若使用搜尋量大的大眾關鍵字，單次點擊出價就會飆升，有時不符合成本效益。不過，B2B若選擇小眾關鍵字，不僅用不著花費龐大的成本，而且考量到將來業務銷售活動的效率化，設定所費的工夫與初期投資就不算多大的障礙了。總而言之，實在沒理由不刊登廣告。

只有一點要注意，就是選擇委託的協力公司。大部分的關鍵字廣告代理商，業績取決於廣告投放量，因此不少公司對小眾的B2B業務並不積極，只會做每月的報表分析。這是局部最佳化的問題。若要避免這種情況，就必須建構「行銷設計圖」，進行整體最佳化。

- [ ] 刊登廣告，等於僱用了全天全年無休的業務員
- [ ] 在B2B市場，搜尋廣告比多媒體廣告更有效
- [ ] 針對「馬上就要型客戶」的需求刊登廣告，可直接帶來洽商機會與業績
- [ ] 只要得到1件反應，就可期待未來同樣能獲得反應
- [ ] 可從小額預算開始運用，只要得到成果就能一口氣擴大銷售通路
- [ ] 這是以國內、全球為市場，槓桿效益最大的集客手法
- [ ] 應選擇具回購性的商品，以及外溢效果大的商品
- [ ] 只要找到小眾關鍵字，就能實現低風險高報酬
- [ ] 到達網頁與提供物等集客站必須準備充足
- [ ] 文字廣告要以「客戶」為主詞獲得共鳴
- [ ] 業績取決於銷售文案的品質

成本效益高，又不費事，宛如全天全年無休的業務員

□ 顛覆想法的劃時代手法

就算聽到他人推薦關鍵字廣告，有些人可能還是半信半疑：「業績真能靠這種方法提升嗎？」不過，關鍵字廣告具有顛覆想法的威力。刊登之後不僅陸續會有潛在客戶主動洽詢，想必也能接到眾所周知的大企業的訂單吧。關鍵字廣告簡直就是全天全年無休的業務員。

關鍵字廣告有3大優點。第1個優點是，跟其他方法相比，關鍵字廣告的成本效益最高。如果是高LTV的商品，除了回購之外，要是再加上交叉銷售、口耳相傳與介紹等等，投資報酬率應該至少有100倍。第2個優點是，只要一開始設計得當，之後就不必費事。每個月的報表分析與文字廣告的規劃、變更等麻煩事，就算完全不做也一定能得到成果。第3個優點是，長期運用的話品質分數就會提升，對自家公司更有利。品質分數是一項指標，用來衡量廣告、關鍵字與到達網頁的品質。只要品質分數提高，不僅能降低廣告費用，排名也會提升。如此一來，就可建立超越競爭者的優勢地位。

有些商品能順利得到成果，有些商品則否，前者通常看得到以下的情況：①客戶的不滿或需求已顯在化；②容易變更供應商；③承辦人有決策權；④已編列預算。目前B2B的成功案例還不多。筆者刊登、運用廣告已經10多年，但意外的是，同業並未注意到這個手法。競爭者少，再加上又是B2B，所以能夠享受到利潤。相信貴公司也十分有機會擴大市占率。

► 圖5-11 **運用的好處與選擇商品時的注意事項**

運用的好處

成本效益高	・LTV可藉由回購、交叉銷售、介紹等方式擴大 ・投資報酬率高
不必費事	・只要一開始設計得當就一勞永逸 ・不必做報表分析之類的麻煩事
運用愈久愈有利	・品質分數提升，廣告的排名也會上升 ・獲得超越競爭者的優勢地位

選擇商品時的注意事項

順利得到成果的商品	無法順利得到成果的商品
客戶的不滿或需求已顯在化	客戶的不滿不明確，課題不清楚
容易變更供應商	難以變更供應商
承辦人有決策權	決策者另有其人，決策過程複雜
已編列預算	未編列預算，交期也未定

▶ 圖5-12　LTV最大化之概念

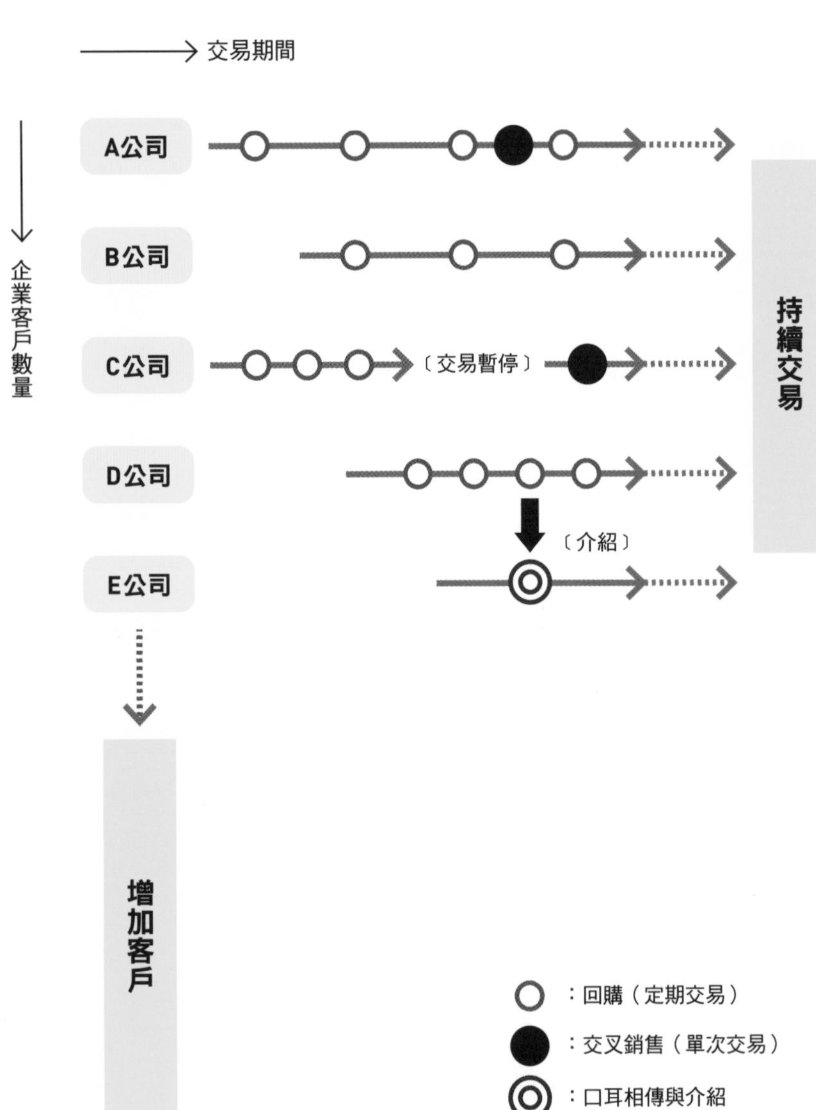

Chapter 6

刊登有用資訊的
「內容SEO」

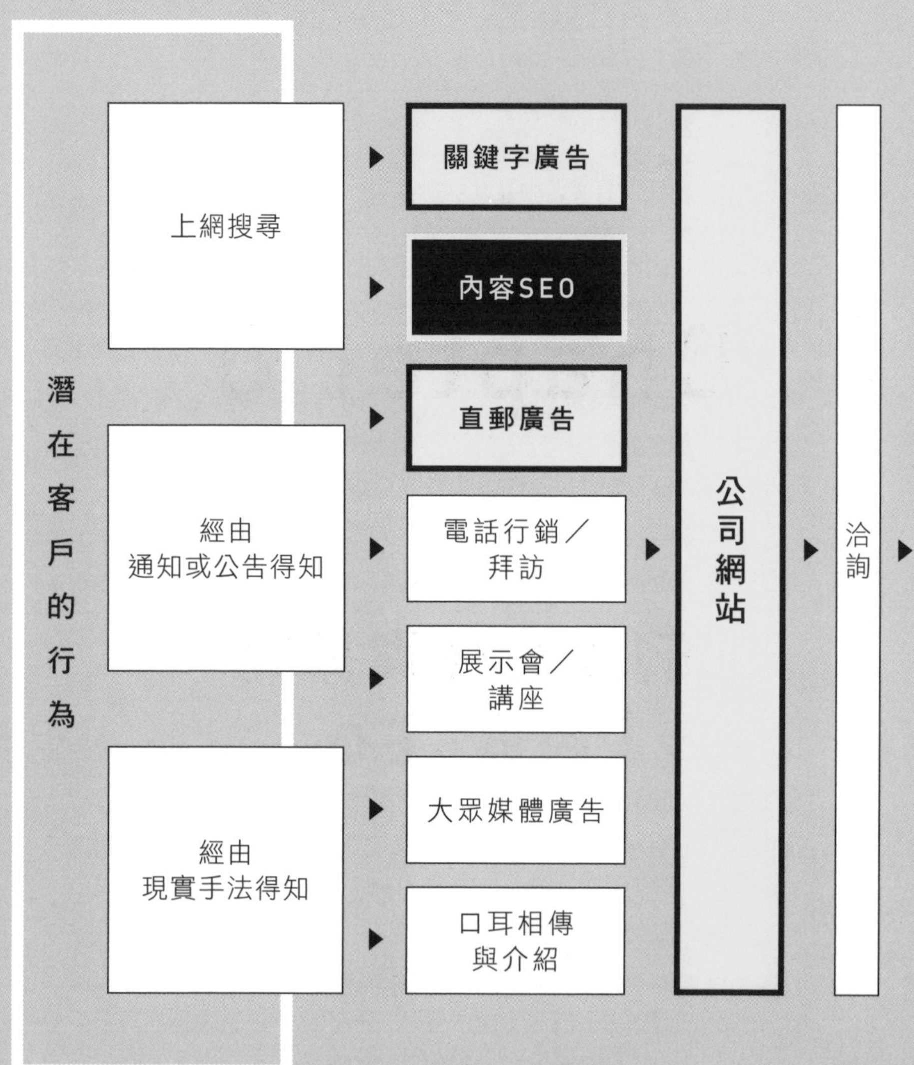
潛在客戶的行為
上網搜尋
經由
通知或公告得知
經由
現實手法得知
關鍵字廣告
內容SEO
直郵廣告
電話行銷／
拜訪
展示會／
講座
大眾媒體廣告
口耳相傳
與介紹
公司網站
洽詢

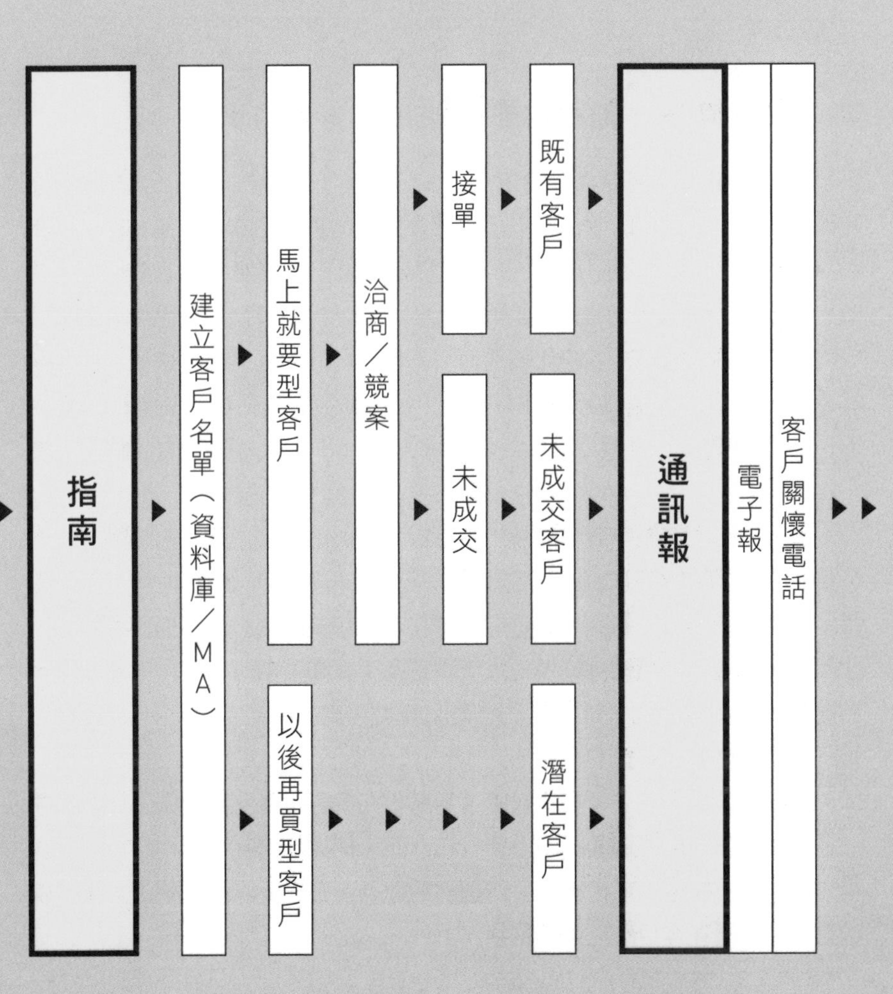
指南
建立客戶名單（資料庫／MA）
馬上就要型客戶
以後再買型客戶
洽商／競案
接單
未成交
既有客戶
未成交客戶
潛在客戶
通訊報
電子報
客戶關懷電話

01 SEO的進化與內容行銷

不販售商品，而是發布對使用者有益的資訊

SEO全名為「搜尋引擎最佳化」，是一種不靠廣告，設法讓網站排在隨機搜尋結果前幾名的手法。以前的評分標準注重網站的「被連結數」，不過Google在2012年更新了評分標準，降低品質差、無關聯之連結頁面的分數，目前重視的是內容品質高的網頁。假如網站擁有符合搜尋使用者的意圖或需求的內容，通常排名會比較前面。基於這樣的原因，最近這種手法又稱為「內容SEO」。這種新的SEO對策，是持續發布對使用者有益的原創內容，藉此獲得來自搜尋的流量，現已成為主流手法。而相關的活動總稱為「內容行銷」。

現在網路上的競爭者也變多了，可自然地與潛在客戶建立接觸點的內容行銷，成了備受矚目的手法。另外，用來發布資訊的媒體則是「自有媒體」，目的不是販售商品，而是提供潛在客戶想要的資訊，將他們導向公司網站，藉此獲得信賴維持關係。這麼做是為了在購買階段，讓自家商品更容易被客戶選上。因此，這個手法的最大特徵，就是刊登Know-How或有用資訊，而非產品或服務的介紹。

筆者的公司也成立了自有媒體，定期發布廣告宣傳的趨勢與製作物的建議等有益資訊。獲得接觸點的途徑五花八門，例如新潛在客戶搜尋煩惱或課題時找到自有媒體，或是經由公司網站的連結前往自有媒體。總之，自有媒體有助於與潛在客戶建立信賴關係。

▸ 圖6-1　內容SEO的登場與內容行銷

從前的SEO對策重視「被連結數」

Google轉為注重「內容的品質」

內容SEO登場！

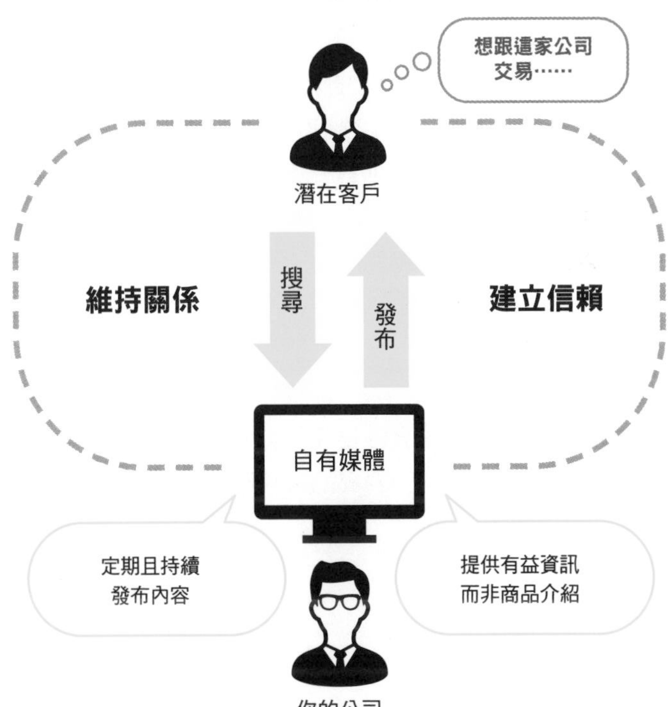

□ 可建立中長期的關係，在B2B市場發揮效力

運用自有媒體的內容行銷，並不是用來招攬「馬上就要型客戶」，立刻帶來洽商機會的手法。而是向「以後再買型客戶」提供有用資訊，將他們變成「粉絲」，建立中長期的關係，然後一面維持關係，一面等待洽商機會的到來。尤其在沒使用就難以得知商品的價值，而且必須花足夠時間才能成交的B2B市場，這種手法更是能發揮效力。

雖然就某個意義來說內容行銷像是在「繞遠路」，不過這種手法有4大特點。第1個特點是，可招攬到適合自家商品的潛在客戶。不同於單方面接收的廣告宣傳，潛在客戶是主動展開行動、接觸資訊的。因此，可提高潛在客戶對公司的忠誠度，公司也能以「專家」立場接觸潛在客戶。第2個特點是，可建立業界龍頭地位。擁有定期發布某主題資訊的媒體，可確保壓倒性的優勢地位。第3個特點是，可減輕、壓低廣告宣傳費。相較於大眾媒體廣告與展示會參展之類的手法，這可說是成本效益非常高的方法。第4個特點是，能將訪客的行為「可視化」。只要使用MA或Google Analytics，要分析自有媒體就不難了。訪客是使用何種關鍵字找到網站的？哪篇文章有人看過？來自電子報的流量有多少？使用這2種工具就能輕鬆檢驗潛在客戶的反應，幫助你更有效地運用自有媒體。

內容行銷的流程大致分成3個階段。首先是招攬潛在客戶的「潛在客戶開發」階段，也就是潛在客戶搜尋煩惱或問題，找到自有媒體上的文章。接著是「潛在客戶培養」，也就是潛在客戶定期造訪自有媒體，閱讀相關文章，從而產生信賴感，購買意願逐漸提高。最後是「轉換」，也就是洽詢發布文章的自有媒體經營公司、下載商品資料等等，這是促成洽商的最終階段。

▶ 圖6-2 內容行銷4大特點與3個階段

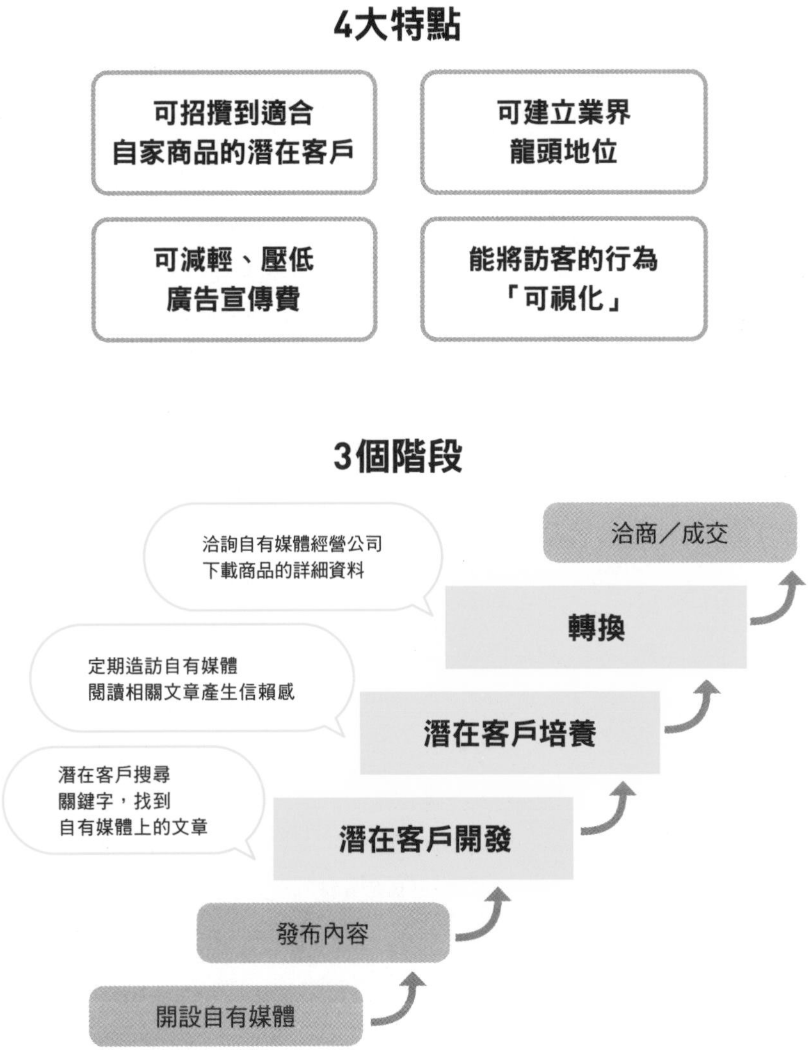

4大特點

可招攬到適合自家商品的潛在客戶	可建立業界龍頭地位
可減輕、壓低廣告宣傳費	能將訪客的行為「可視化」

3個階段

洽商／成交

轉換：洽詢自有媒體經營公司 下載商品的詳細資料

潛在客戶培養：定期造訪自有媒體 閱讀相關文章產生信賴感

潛在客戶開發：潛在客戶搜尋關鍵字，找到自有媒體上的文章

發布內容

開設自有媒體

02 在自有媒體上定期更新文章

□ 運用公司內外的資源，發布有用資訊

自有媒體是用來發布文章（內容）的媒體。此外，自有媒體並非建立在公司網站內，而是使用其他網域，作為獨立的資訊網站。至於內容，則是以既能吸引讀者的關注，又能激發他們對公司商品的興趣，提高購買意願的文章為目標。主要的著眼點有以下3種：①對使用者有幫助的資訊；②解決煩惱或課題的建議；③其他公司的成功案例或趨勢。盡量避免發布如公司介紹或商品介紹這類，帶有宣傳感或推銷感的資訊。如果是不動產業，可以發布「遷移辦公室的祕訣」、「在家工作的勞動方式改革趨勢」之類的文章；如果是以餐飲業為對象的食材製造商，可以發布「低熱量高營養的菜單」、「有了它就很方便的烹調器具」之類的文章。

話說回來，文章該由誰來撰寫才好呢？這種時候有內部製作與運用外部資源這2種方法。前者的好處是不花費用，但必須安排具寫作能力的專屬負責人。後者是委託專門經營自有媒體的公司或廣告代理商，雖然要花成本，但若是遇到專業性高的寫手就能期待效果。不過，之前曾發生過拿別人寫的文稿複製貼上，當作自己的文章發布的事件，因此公司內部必須建立查核體制。實施內容行銷的企業，絕大多數都是內部撰寫的文章與外部撰寫的文章一併使用。另外，更新頻率要以1～2週更新1篇新文章為目標。專為自有媒體「新寫」文章是很費勁的，因此最好使用有效率的方式更新文章，例如挪用指南、通訊報或給客戶的提案書內容，修改成1篇新文章。

▶ 圖6-3　**自有媒體 運用與更新的全貌**

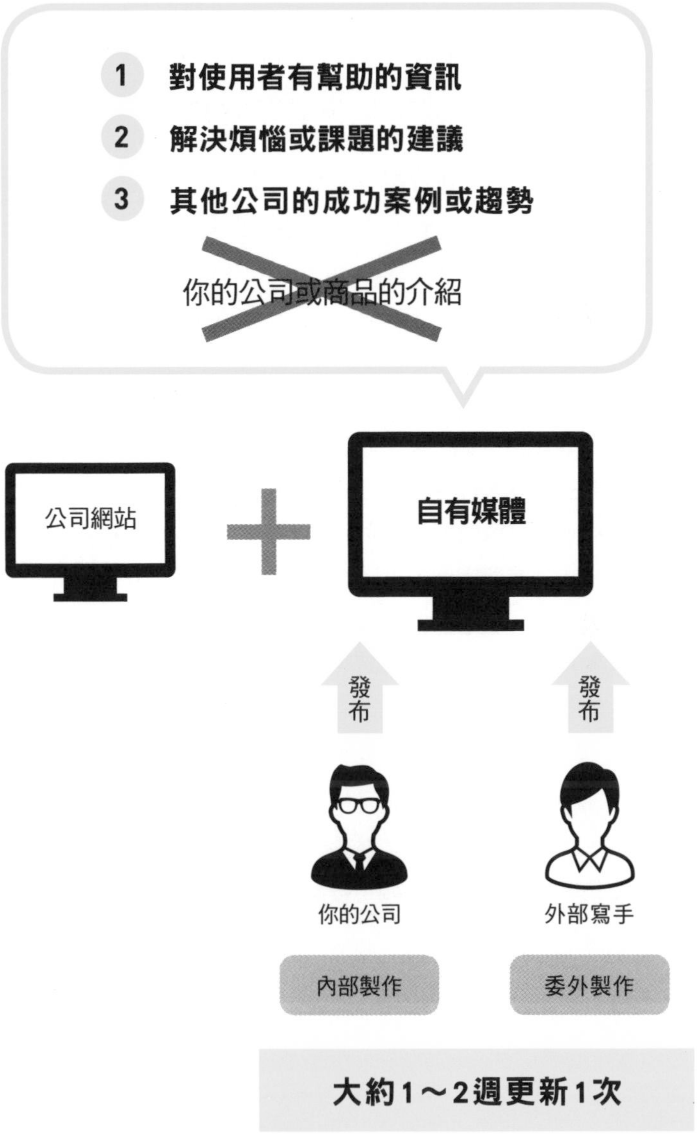

□ 參考搜尋查詢插入關鍵字，以提高排名

撰寫文章時必須注意2個重點。第1點是，撰寫與商品有關的文章。文章在短時間內廣為流傳，受到眾多使用者關注的現象稱為「爆紅」。不過就算文章爆紅，如果不能為自家公司帶來業績依舊沒有意義。第2點是，參考「搜尋查詢」撰寫文章，好讓網頁顯示在使用者的搜尋結果頁面前幾名。

搜尋查詢是指，使用者對搜尋引擎下達的查詢要求。相信你也曾在Google上搜尋過「○○○○是什麼」，這也是搜尋查詢之一。搜尋查詢可分成3大類：①交易型查詢（Transactional Query）；②資訊型查詢（Informational Query）；③導航型查詢（Navigational Query）。

第1類的交易型查詢又稱為「Do查詢」，是反映行動的意圖。例如要找辦公室，就會查詢「辦公室　租賃」。資訊型查詢又稱為「Know查詢」，用於蒐集資訊的時候。例如「關鍵字廣告　是什麼」或「汽車修理　方法」等等，這類查詢占了大部分的搜尋量。導航型查詢又稱為「Go查詢」，例如「Uniqlo優衣庫　公司介紹」或「APA飯店　新宿」等等，目的是要前往特定的品牌或企業的網站。這3類查詢可單獨發揮作用，也可加在一起運用。不必想得太複雜，只要設想企業客戶的承辦人有可能會使用的搜尋關鍵字即可。將這個字詞應用在文章的大標題或小標題上，便是一種SEO對策，如此一來網頁就容易排在搜尋結果的前幾名。

另外，如果想讓找到文章的潛在客戶，閱讀其他的相關文章，也必須提高自有媒體內部的可搜尋性。這時可使用的方法有：在標題或正文插入主要的搜尋關鍵字，或在網頁裡加入「標籤」方便查找等等。除此之外，也別忘了從使用者的角度進行導覽，例如可按照「商品」、「目的」、「關鍵字」等類別搜尋。

▸圖6-4 **將搜尋查詢運用在SEO對策上的方法**

Do	**交易型查詢**	(Transactional Query)
Know	**資訊型查詢**	(Informational Query)
Go	**導航型查詢**	(Navigational Query)

	目的	搜尋關鍵字
Do	因為要遷址，想找新的辦公室	辦公室　租賃
Do	想向勞務師諮詢勞動方式改革的問題	勞務師　諮詢
Know	想知道什麼是關鍵字廣告	關鍵字廣告　是什麼
Know	出車禍導致公司車受損	汽車修理　方法
Go	優衣庫是怎樣的公司呢？	Uniqlo優衣庫　公司介紹
Go	想住新宿的APA飯店	APA飯店　新宿

03 使用CMS與版型有效率地運用與更新

□ 撰稿人與更新負責人要事先訂定規則

自有媒體要經常更新文章，因此最好要建立可有效率地運用的機制。這裡建議各位，①運用CMS以及②製作文章版型。如果每次更新文章都要委託外部的網站製作公司，既費事又花成本。不過，只要利用CMS，即使不具備編碼與程式方面的知識，也可以像寫部落格那樣由公司內部人員進行更新（參考4-11）。

接著，根據自有媒體的版面設計製作版型。大多數的公司應該都有好幾位內部與外部的撰稿人，假如每個人都用不同的格式撰寫文章，設計時就會發生問題，所以要事先準備版型，規定大標題、小標題與正文的字數，以及條列、表格、圖文框等的樣式與格式，還有使用的相片尺寸（pixel：像素）等等。由於有時也會委託外部寫手，文稿建議使用Microsoft Word之類的通用軟體製作。

公司內部的撰稿人與外部寫手根據版型撰寫文章，再將Word文字檔與相片、圖片等素材，發送給自有媒體的更新負責人。負責人登入自有媒體的管理畫面，將文稿複製貼上，再調整顏色與裝飾並進行設計、排放相片等等，製作更新用的檔案。之後，請自有媒體的發行負責人與撰稿人、相關部門的負責人等人士，檢視公開前的預覽畫面，假如有不完善之處就修正，如果沒問題就正式將文章上傳到伺服器上。

假如有好幾名撰稿人，文體（書面語／口語）與用字（例如：成分／成份）要統一。更新負責人要訂正得花時間與勞力，如果事前就訂定撰寫文稿的規則會很方便。

▶ 圖6-5　有效率地製作自有媒體文章的流程

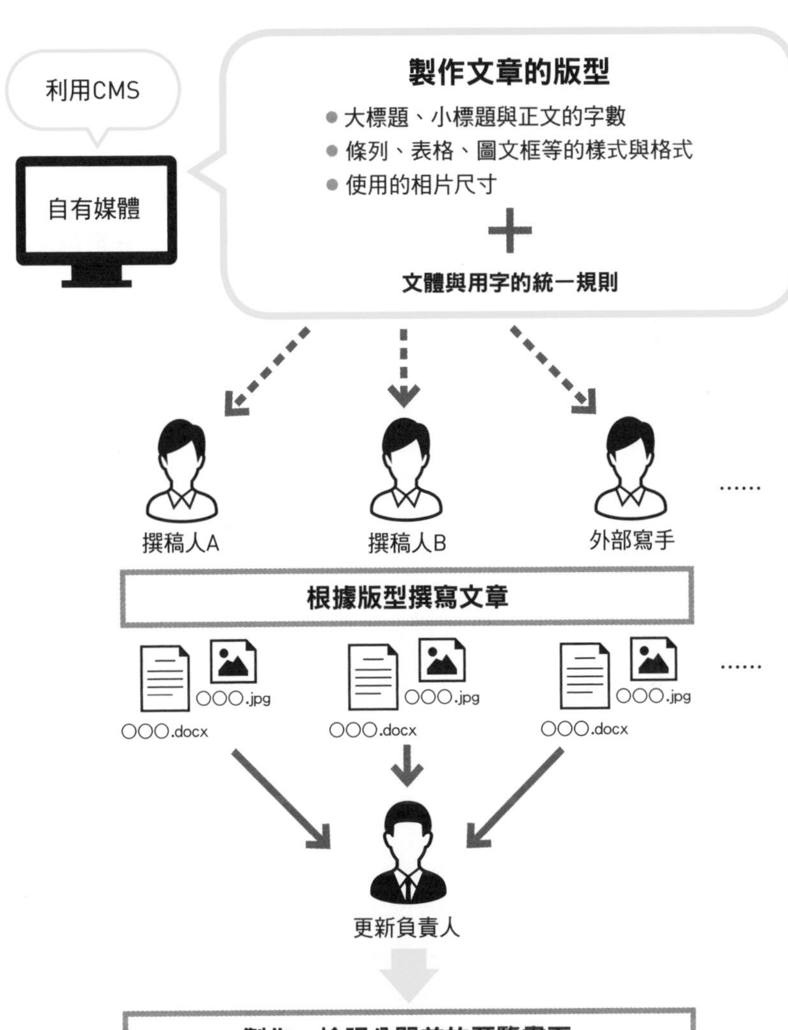

04 勾起潛在客戶興趣的文章寫法

留意「結構」、「讀者」、「抑揚頓挫」，寫出讓人看得舒服的文章

學會撰寫銷售文案，能有很大的幫助。本節就來解說，想在自有媒體上得到反應需注意的3個重點。

①組織文章的「結構」
②想像文章的「讀者」
③留意文章的「抑揚頓挫」

首先關於①「結構」，有各種寫作技巧可以運用，例如故事的基本架構「起承轉合」，以及由緒論、本論、結論組成的「三段式結構」，或是前述的「PASONA法則」等等。這裡以共鳴、展開、收束這種三段式結構為例。首先，「共鳴」就是提出問題並進一步探究。根據社會或環境的變化，提出讀者的煩惱或課題。「展開」就是舉出與普遍事實相反、具意外性的案例，轉換主張，並且提出明確的理由。最後的「收束」則是總結撰稿人的意見或想法，向讀者提出建議促進行動。

比文章內容本身更重要的就是②想像「讀者」。除了年齡與性別之外，特別要留意的就是素養。舉例來說，假如目標讀者分別是對系統很熟的IT技術員，以及不曾用過智慧型手機的年長者，文章的主題與觀點、用語與寫法理應是不一樣的。切記，要了解並考量目標對象的立場，寫出適合讀者閱讀的文章。

③「抑揚頓挫」也可以說是語感或節奏。別使用單調的句尾；盡量使用肯定句；避免重複同樣的語句；長文要分成幾個小段落，用一個簡短句子陳述一件事。總而言之，要不斷推敲寫好的文章，寫出能令讀者看得舒服的文章，這個態度很重要。

▶ 圖6-6 想在自有媒體上獲得反應需注意的3個重點（1）

1 組織文章的「結構」

共鳴 提起普遍的問題／探究煩惱或課題

▼

展開 具意外性的主張／理由與結論

▼

收束 總結自己的想法／提供讀者建議

〔文章範例〕

共鳴

如今，勞動生產人口減少，人力供不應求，導致許多企業面臨徵才困難的窘境。其中又以不受學生歡迎的業種，特別有這種傾向。
據說目前的有效求供倍數超過1.5倍，比泡沫經濟時期還高。就算企業針對應屆畢業生舉辦公司說明會，也吸引不到學生參加；就算已預定錄取，學生也會回絕，而且這種情形愈來愈常見。……

展開

不過，各位知道嗎？其實還是有名氣不大的地方中小企業，成功招募到社會新鮮人。
位在靜岡縣〇〇市的A公司，是一家員工不到50人的機械零件製造商。該公司在當地舉辦的公司說明會，居然有200名學生參加。2020年4月就錄用了10名應屆畢業生。其成功的原因，在於推出與眾不同的徵才廣告。……

收束

我協助過各種企業舉辦徵才活動，根據這些經驗來說，正因為是中小企業才能夠大膽地採用可獲得學生好評的徵才策略。以從前協助過的B公司為例，……
貴公司或許也一樣，只需一點創意或巧思，就能增加公司說明會的參加人數。建議你不妨重新檢視一次，自家公司的徵才廣告吧！

□ 撰寫能獲得讀者「共鳴」的文章之祕訣

在自有媒體上發布文章的最終目的，是要與潛在客戶建立接觸點。因此，必須帶給讀者發現與感動，讓他們注意到產品或服務。想寫出可獲得共鳴的文章，有幾個不能不知道的祕訣。

「標語是用來吸引讀者閱讀引言的。引言是用來吸引讀者閱讀正文的。正文的第1行，是用來吸引讀者閱讀第2行的。」這句話出自某位知名的文案寫手，簡單來說就是文章的開頭很重要。週刊雜誌的報導就是好例子，只要從最能勾起讀者興趣的地方寫起，就能讓人看得欲罷不能，一口氣讀完文章。這種寫法也跟「先說結論」的商業文書有相通之處。另外，事實或小故事的具體描寫可增加說服力，為文章增添真實性。反之，若單純只是敘述情緒，例如「好有趣」、「令人生氣」等等，讀者是無法理解你真正想表達的意思。

撰寫文章時，可以參考「小論文」的寫法。只要針對社會動向或現象，設定自己的立場（贊成或反對），再以提出問題、表達意見、展開、結論這種合乎邏輯的結構撰寫，寫好的文章就很容易得到讀者的贊同。至於「自己的立場」，即便違背本心也沒關係，請選擇可讓你要販售的商品容易獲得接納的立場。另外，要先蒐集足夠的材料，再來撰寫文稿。單憑自己的經驗，是很難寫出內容充實的文章。你可以訪問相關人士、調查書籍、上網搜尋等等，總之撰稿的材料愈多愈有效果。

話說回來，要寫出內容充實、節奏感佳的文章，最大的祕訣是什麼呢？那就是先寫超出規定字數3成的草稿，寫完後再刪減內容。這樣文章就能去蕪存菁，變得簡潔有力。總之細節也要講究，努力寫出完成度高的文稿吧！

► 圖 6 - 7

想在自有媒體上獲得反應需注意的3個重點（2）

② 想像文章的「讀者」

③ 留意文章的「抑揚頓挫」

語感節奏

- 別使用單調的句尾
- 以名詞結尾
- 不重複同樣的語句
- 使用肯定句，不模稜兩可
- 句子簡短，一句陳述一件事
- 長文要分成幾個小段落

◎ 其他的寫作祕訣

文章好壞取決於開頭，從「有益」的地方寫起

案例與小故事盡量描寫得具體一點

參考小論文先設定自己的立場，再以合乎邏輯的結構撰寫

先蒐集非常充足的材料再撰稿

先寫超出規定字數3成的草稿，再刪減成內容充實的文章

05 使用再行銷功能追蹤訪客

□ 即使機會溜走，之後仍要建立接觸點設法成交

再行銷*1這個手法，是當造訪過自家網站的使用者瀏覽其他的網頁時，在頁面上顯示自家公司的橫幅廣告，再度將他們導向自家網站。只要事先設定效期，就能自動追蹤潛在客戶，效期短則幾天，長可超過100天。舉例來說，假設有使用者為了找會計軟體，而造訪自家公司。使用者想好好研究與考慮，所以最後並未達成轉換，但是1週後，當他在瀏覽其他網頁時，又看到了那款會計軟體的橫幅廣告。使用者忍不住點擊廣告，覺得軟體似乎比想像中好用，於是就決定洽詢——。這一連串的行動，就是再行銷功能所發揮的作用。

這裡說的「自家網站」，是指電商網站、公司網站、到達網頁、自有媒體等各種網站。舉例來說，假如使用者看了自有媒體上有關「企業內部刊物」的文章，只要在其他網頁上顯示橫幅廣告，就能將使用者導向與自家的「企業內部刊物」有關的到達網頁，而看過到達網頁但未轉換的使用者，也可以利用橫幅廣告吸引他再度造訪。即使曾讓機會溜走，之後仍要持續與潛在客戶建立接觸點，設法達成交易。

成功的關鍵在於時機與橫幅廣告的設計。假如在剛離開網站不久，或是超過2～3個月以後顯示廣告，是無法期待效果的。雖然要視商品而定，不過基本上最佳時期為隔天到2週左右。你必須趁潛在客戶的興趣尚未消退時再度提醒他們。另外，由於不曉得潛在客戶離開的原因，是出在品質還是價格上，設定數種橫幅廣告輪流顯示也是有效的做法。

---

*1　Google將再行銷稱為Remarketing，Yahoo!的搜尋廣告則稱之為Retargeting

▸ 圖6-8 絕不放過任何機會！再行銷的流程

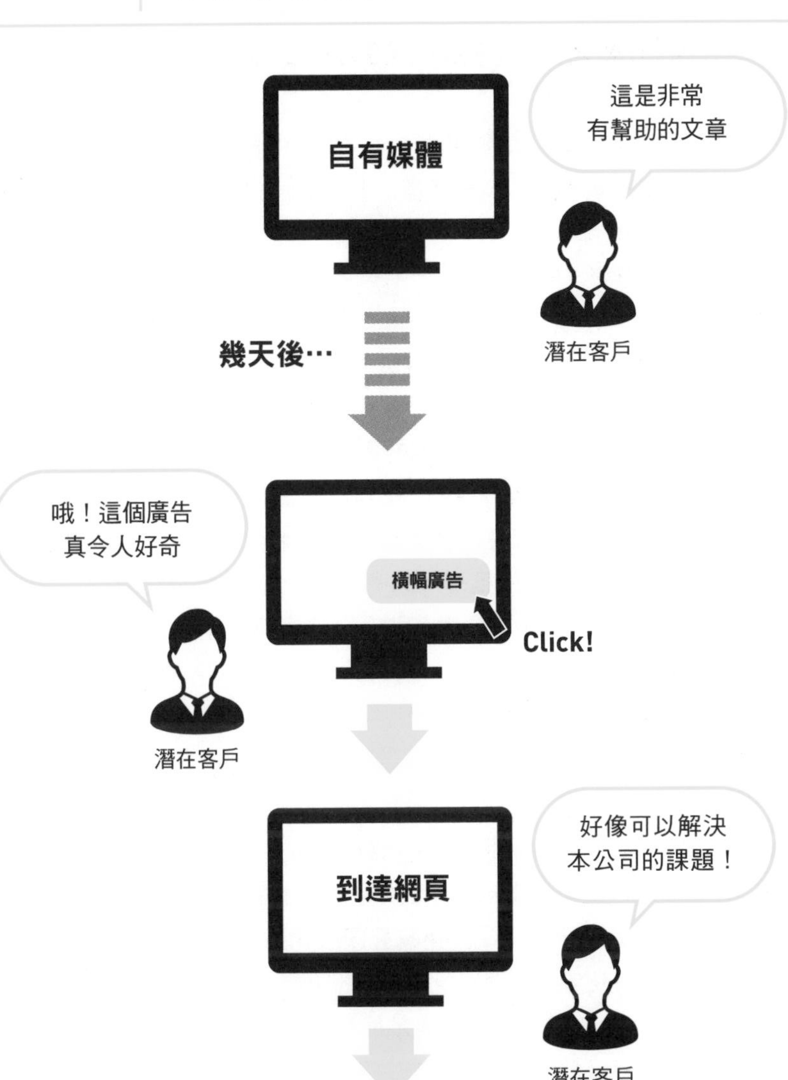

» Column 02

B2B 銷售的社群網站與影片之運用

社群網站是一種透過資訊的發布、分享及擴散，進行傳播與溝通的服務。運用社群網站的「社群銷售」手法在美國很盛行，但在日本卻不怎麼流行。原因有二。

第1個原因是，環境的不同。幅員遼闊的美國，是直接回應行銷的發祥地。因此他們不怎麼排斥，不與業務員見面就直接購買的消費方式。反觀商圈集中的日本，則以親自拜訪潛在客戶的銷售方式為主流。所以包括社群網站在內，日本會被稱為網路行銷發展中國家，原因也出在這裡。第2個原因是，僱用型態的不同。在較無組織歸屬感、重視個人能力的美國，只要能獲得成果，業務員要怎麼做都行。但是，以終身僱用為前提的日本，是個相當依賴組織的社會。比起提升業績這件事，業務員通常更注意公司的風險，他們擔心「萬一遭到網友圍剿就麻煩了」。因此，在日本的B2B企業當中，成功運用社群網站的案例似乎非常的少。

至於影片，則是只要善加運用就有極大成效的手法。企業製作的影片可分成3類：①展示影片、②訪談影片、③品牌影片。①是製作淺顯易懂又令人印象深刻的商品影片，刊登在自家網站上。這種影片有助於提升轉換率。②是請已採用的企業承辦人，從第三者的角度說明解決的課題或商品的特點。影片要比文字說明更具真實感，說明者若是大企業或知名企業，效果更好。③是用來呈現公司的歷史、概念、技術研發力、對商品的想法等等，對形象策略有所貢獻。如果要存放數部影片，只要建立YouTube頻道，管理起來就很輕鬆。影片可讓觀眾留下記憶，在短時間內宣傳公司或商品的優點，既然要製作就要徹底講究品質喔！

► 圖6-9

不可不知的「社群網站」與「影片」的重點

B2B企業的成功案例很少

主題	主要的社群網站
交 流 型	Twitter、Facebook　等等
聯 絡 型	LINE、Facebook Messenger　等等
相 片 型	Instagram　等等
影 片 型	YouTube　等等

社群網站
與
影片

主題	重點
展示影片	・淺顯易懂地介紹產品或服務 ・令人印象深刻從而促進轉換
訪談影片	・在自家網站刊登已採用之企業的「客戶感想」 ・請第三者說明解決的課題與商品的優點
品牌影片	・呈現歷史與概念、技術研發力、對商品的想法 ・有助於提升企業的形象與價值

品質愈好成效愈大的手法

Chapter 6 重點整理

刊登有用資訊的「內容SEO」

根據有無提供內容，能與競爭者拉開很大的「差距」

內容行銷是一種定期透過自有媒體發布有益資訊，藉此獲得潛在客戶的信賴，建立中長期關係的手法。重點放在讓文章登上搜尋結果的前幾名，最近又稱為內容SEO。

不過，確實也有不少賣家理論上可以理解，但是仍然會質疑「真的能帶來業績嗎？」。「爆紅」文章並非隨隨便便就寫得出來，而且就算有許多人閱讀文章，也不知道能否帶來業績。再者，要讓自家公司的文章登上搜尋結果的前幾名非常困難，經營自有媒體的企業常為了因應Google的演算法而傷透腦筋。反觀「關鍵字廣告」可迅速帶來與「馬上就要型客戶」洽談生意的機會，要測定效果也不難，這是兩者的最大差異。

如果能提高文章的排名確實是最理想的，不過自有媒體的運用方式，並非只有發布應用SEO對策的文章而已。你還可以將已建立接觸點的潛在客戶，導向自家公司發布的文章。例如在自家發行的電子報正文內張貼連結，再請潛在客戶點擊連結，察看刊登在自有媒體上的文章。或者，你也可以趁著寄問候信給曾洽詢或索取資料的潛在客戶時，在內文張貼與要求或需求有關的文章連結，這種做法同樣很有效果。更重要的是，對企業而言，內容是「無形資產」。這些內容可以廣泛運用在銷售話術、簡報、印刷品或其他媒體、員工教育等等。

即使無法在短期內立刻帶來業績，以中長期觀點來看，有無提供對潛在客戶有益的內容，能讓公司與競爭者之間形成很大的差距。重點就是不要著急，要耐心地持續提供內容。

- [ ] 這是不推銷，自然地與潛在客戶建立接觸點的手法
- [ ] 在自有媒體上發布有益資訊，獲得信賴
- [ ] 提供Know-How與有幫助的資訊，而不是商品資訊
- [ ] 與「以後再買型客戶」保持關係，等待洽商機會
- [ ] 成為專家、業界龍頭，確保有利地位
- [ ] 建立招攬、培養潛在客戶，並且促成交易的機制
- [ ] 由內部人員與外部人員撰寫文章，並且定期更新
- [ ] 參考搜尋查詢，設法提高文章的排名
- [ ] 利用CMS與版型有效率地更新及運用
- [ ] 注意結構、讀者、抑揚頓挫，寫出能勾起興趣的文章
- [ ] 利用再行銷自動追蹤曾經造訪網站的潛在客戶

專門提供有益資訊，加強集客式銷售

要能夠按關鍵字類別搜尋使用者想看的文章

如果公司採取不聘用業務員的方針，「在網路上提供資訊」這一點就變得很重要。即使發行通訊報這種「紙本」自有媒體，設法加強與潛在客戶之間的接觸點，但紙本媒體的讀者是有限的。這種時候，開設用來加強集客式銷售的自有媒體，便是一種有效的做法。

舉例來說，假設自有媒體的概念為「與你合奏的資訊網站」，目標對象則是企業的廣告宣傳、公關、經營企劃等部門的負責人。假如客戶是中小企業，那麼經營者也算是目標對象之一。要向他們提供的是，行銷、徵才與組織強化的建議，以及企劃與製作的手法、廣告與公關的最新趨勢等資訊。

內容分成「物件」、「主題」、「創意」這3大類別，讓人可以使用各類別的關鍵字搜尋文章。「物件」是指公司製作的製作物種類。使用者可依照公司簡介、企業內部刊物、網站等製作物項目，獲得想知道的資訊。「主題」是與販售促進、人才培育等企業課題有關的類別。「創意」則是分享計畫、設計、攝影等，製作東西時所需觀念的類別。最新文章要自動更新在首頁上，特別想讓人看到的內容，就以「推薦文章Pick up」為標題，同樣刊登在首頁上。另外，這個自有媒體定位為資訊網站，因此使用Google AdSense，刻意在網站內刊登其他公司的廣告。

自有媒體上的文章，絕對不能宣傳自家商品。如果有意將人導向商品，使用者一定會察覺。請一定要完全提供對潛在客戶有幫助的資訊。

▶ 圖6-10 秉持使用者優先之態度，提高滿意度的網站規劃

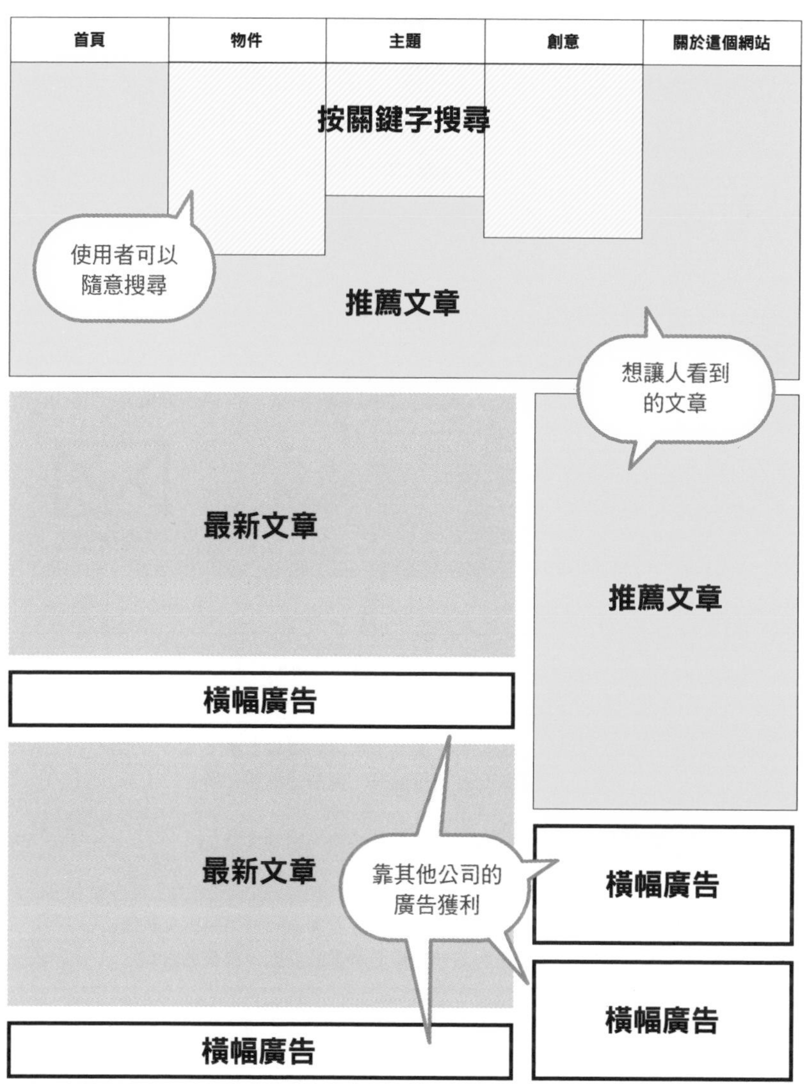

▶圖6-11 利用廣泛的動線自然引導使用者

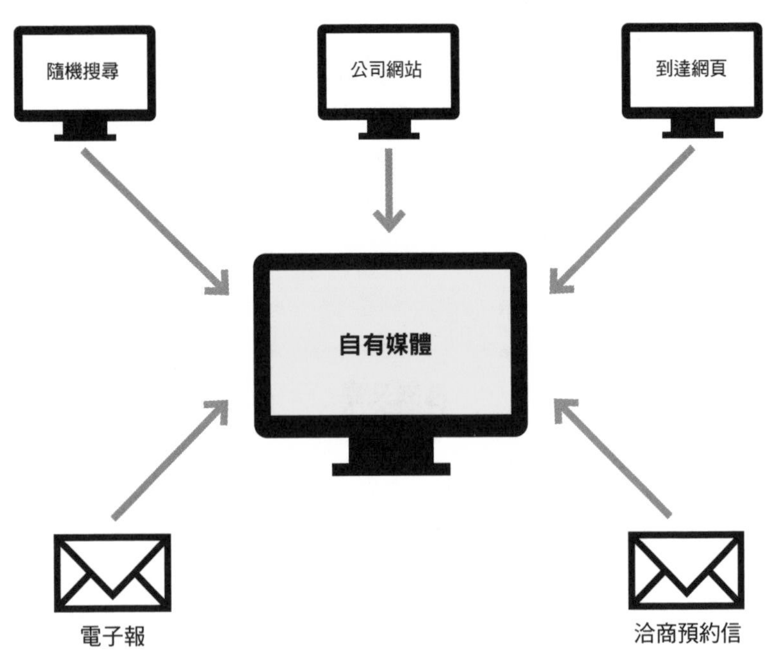

隨機搜尋	● 利用SEO提高自有媒體文章的排名 ● 可與新潛在客戶建立接觸點
公司網站	● 在服務頁面張貼連結導向相關文章 ● 讓人可在首頁點一下就前往相關文章
到達網頁	● 在網頁中間張貼連結導向相關資訊 ● 由於使用者的需求很明確，可期待頗大的效果
電子報	● 在寄給潛在客戶與既有客戶的電子報內張貼連結 ● 利用可勾起使用者興趣的標題，提高造訪率
洽商預約信	● 預約洽商時，寄給對方貼了相關文章連結的電子郵件 ● 可建立優勢，以有利的立場洽談生意

Chapter 7

發掘潛在需求的「直郵廣告」

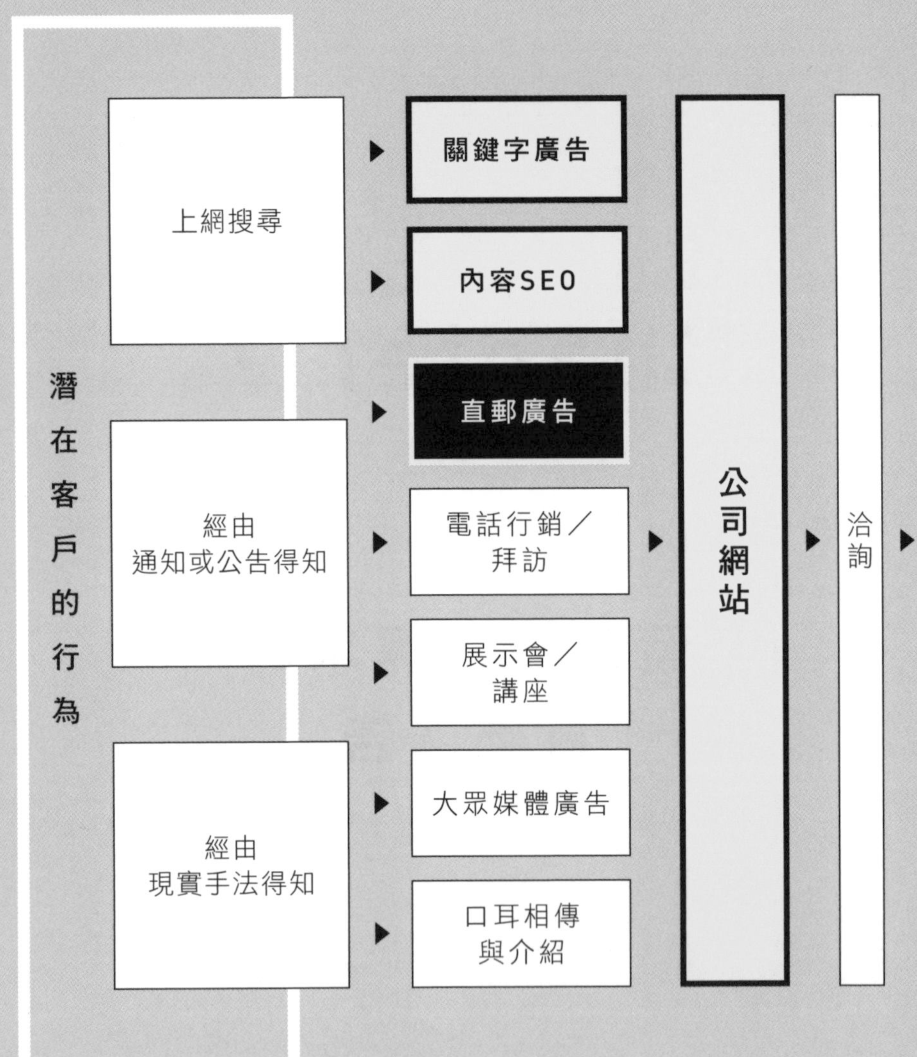
潛在客戶的行為
上網搜尋
經由
通知或公告得知
經由
現實手法得知
關鍵字廣告
內容SEO
直郵廣告
電話行銷／
拜訪
展示會／
講座
大眾媒體廣告
口耳相傳
與介紹
公司網站
洽詢

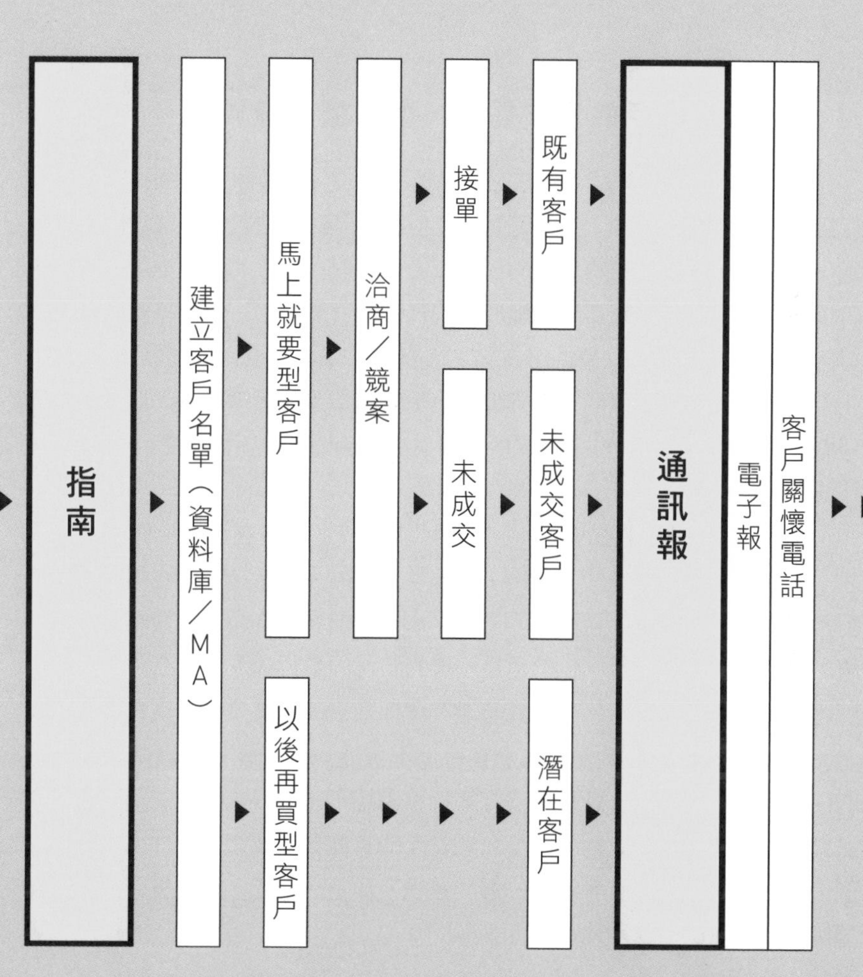
指南
建立客戶名單（資料庫／MA）
馬上就要型客戶
以後再買型客戶
洽商／競案
接單
未成交
既有客戶
未成交客戶
潛在客戶
通訊報
電子報
客戶關懷電話

01 具代表性且意外有效的傳統手法

□ 激發潛在客戶的潛在需求，取得個人資料

直郵廣告（DM）是一種透過各種通訊手段，將資訊發送到特定位置的行銷手法。只要回想一下企業寄到你家信箱的郵件，應該就不難理解了。不過，在以公司行號為銷售對象的B2B市場，要取得個人的通訊地址很困難，所以通常是寄給公司或部門。屬於推式媒體的直郵廣告，最大特點就是不只對應顯在需求，還可以發掘潛在需求（參考Column 01）。最近的客戶，並不是「沒有想要的東西」，其實是「不知道想要什麼東西」。而直郵廣告可整理氾濫的資訊，提供有用的內容，藉此得到潛在客戶的共鳴，這可說是傳統手法的代表。

不過，即便是同樣的商品，也有可能同時是「潛在需求」與「顯在需求」。以健康食品「青汁」為例，對容易生病的人而言是「顯在需求」，但對不想生病的健康人而言卻是「潛在需求」。前者或許會上網搜尋，但後者應該不會主動搜尋資訊。B2B也是一樣的狀況，各位或許會很意外，沒發現課題的潛在客戶其實還不少。此時能夠發揮效果的，就是直郵廣告了。

銷售對象若為企業，基本上客戶是不可能只花一個步驟就購買或簽約的。直郵廣告的目的，就是讓潛在客戶主動招手，取得承辦人的個人資料。可是，大企業的承辦人會看陌生公司寄來的實體郵件或電子郵件，並且提供個人資料嗎？這就是直郵廣告的最大難處。從下一節起，筆者就來解說成功運用直郵廣告的方法與Know-How。

▶ 圖 7 - 1 **直郵廣告只要下工夫就能得到碩大的成果**

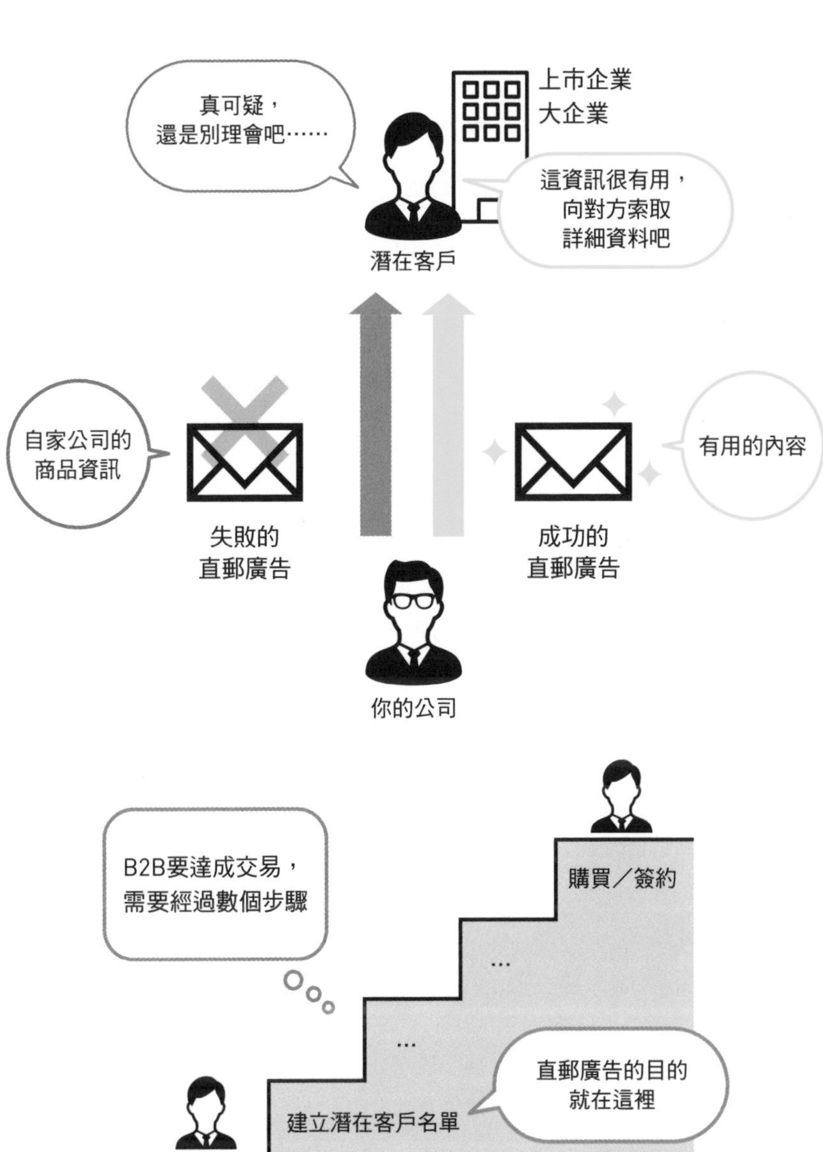

02 4種方法中最具效果的郵寄DM

□ 雖然要花成本，不過最可期待與安心的就是郵寄DM

直郵廣告的手段共有4大類，分別是①郵寄、②電子郵件、③表單、④傳真。①郵寄是請郵局或物流公司，發送小冊子或傳單等印刷品。這是最可期待效果的方法，稍後會再詳細介紹。②電子郵件是在網路上蒐集電子信箱，再將打好的文字內容發送過去。③表單也一樣，是到公司網站的「洽詢」頁面，透過表單發送文字內容。④傳真是向販售名單的公司購買企業的傳真號碼，再將傳單或廣告信傳送過去。這4種方法筆者都試過，以下就根據自身經驗說明各個方法的優點與缺點。

筆者最先嘗試的方法是傳真。當時不是向販售名單的公司購買，而是自行上網調查傳真號碼再傳送DM，但才試了2週就作罷。因為筆者傳了總共3張A4大小的長篇廣告信，結果有幾家企業抱怨：「這樣很浪費紙，不要再傳了！」雖然現在的多功能事務機能夠儲存接收到的傳真檔案，但筆者仍判斷這個方法是得不到成果的。

之後，筆者也嘗試透過電子郵件與表單發送直郵廣告。例如到大型求職網站蒐集人事部信箱再寄電子郵件，或者造訪上市企業的公司網站，透過表單發送廣告信。或許是銷售文案發揮作用吧，起初能收到「想知道詳情」之類的回應，獲得一定的成果。這讓筆者很開心，但之後就陸續收到「這不是用來推銷商品的信箱」、「別再寄這種信」之類的勸告。此外，有時還會被當成垃圾郵件拒絕接收，總之愈來愈難得到反應，幾年後筆者就放棄了。

由於這樣的緣故，目前仍在使用的方法只剩郵寄。筆者至今已寄給超過5萬家公司，不過從未接到抱怨。

▶ 圖 7-2 直郵廣告 4種方法與比較表

潛在客戶

代表或相關部門

郵寄

電子郵件

表單

傳真

公司內部或代發公司

你的公司

	成本	特徵
郵送	大 （名單購買費、印刷費、寄送費）	● 不會接到抱怨也沒有壓力 ● 最有效的方法
電子郵件	免費	● 被歸類為垃圾郵件 ● 因為非原本用途，會遭到抱怨
表單		● 無法建立名單，而且費事 ● 有字數之類的限制，需要個別因應
傳真	小 （通信費　※代發費用）	● 即使儲存在多功能事務機也容易遭刪除 ● 要一間一間發送，很麻煩

03 提高開信率，讓人長期保存的訣竅

延長停留時間與引發口耳相傳，就能創造成果

企劃郵寄DM時，有2點必須注意。那就是「開信前的閱讀誘因」與「開信後的閱讀價值」。

「開信前的閱讀誘因」是要提高開信率。想提高開信率，要留意的第1個重點就是，對象是不是有需求且有可能交易的企業。如果要販售高價位的服務，對象就不能選擇預算少的企業。另外，剛成立不久缺乏實績的企業，要接觸謹慎看待交易的保守大企業也是有難度的。第2個重點是，要接觸關鍵人物，例如案子的承辦人或決策者等等。如果對象是中小企業，除了老闆本身之外，也可以寄給祕書或直屬於老闆的部門。如果對象是中堅企業或大企業，只要寄到承辦部門，就能提高洽談生意的可能性。第3個重點是，要花心思構想印在信封上的訊息。另外，寄送有一定的厚度，設計性也很高的印刷品效果會更好。透明信封成本便宜，但容易讓人發現是直郵廣告，因此使用看不到內容物的信封通常開信率比較高。

「開信後的閱讀價值」是要提升潛在客戶的第一印象，製造洽商機會。因此，必須準備充足的資訊量以及有魅力的內容，才能夠得到潛在客戶的共鳴與贊同感。只要提供讀者新知、發現、Know-How或建議，最後就能創造未來的洽商機會。就算對象是「以後再買型客戶」，只要提高冊子的品質，一樣能延長停留在客戶手邊的時間，未來客戶也有可能展開行動。如果讀者的反應不錯，也可期待對方幫忙介紹給其他部門。

只要能讓潛在客戶拿起直郵廣告，並且認為「未來應該會派上用場」、「介紹給其他部門（集團企業）吧」，你就等於成功了。延長停留時間與引發口耳相傳，能帶來碩大的成果。

► 圖 7 - 3

要提高郵寄DM的反應率應注意的2個重點

重點①

開信前的閱讀誘因

1. 建立交易可能性高的企業名單
2. 寄給關鍵人物所屬的部門
3. 使用精心設計的信封與頁數夠多的冊子

重點②

開信後的閱讀價值

提供充足的資訊量以及有魅力的內容

得到潛在客戶的共鳴與贊同感

延長停留時間與引發口耳相傳

想立刻知道詳情！

馬上就要型客戶

有趣！未來應該會派上用場

以後再買型客戶

介紹給負責的部門吧

非承辦人

將未來的洽商機會最大化

04 讓「郵寄DM」成功的方法

具備訴求力，容易感受到價值，引發口耳相傳的優越性

如同前面提到的，直郵廣告的4種方法當中，反應率最高的就是「郵寄DM」，這有3大原因。

第1個原因是，對潛在客戶的訴求力很高。顏色、設計、排版的自由度都很高的印刷品，能夠提供充足的內容，因此可帶給讀者震撼感提高第一印象。第2個原因是，讀者容易感受到價值（品牌）。「回報性法則」最適合應用在具有實體的印刷品上。即便提供的是同樣的資訊，跟PDF之類的電子檔案相比，印刷小冊子會讓人覺得價值更高。就拿情書來說，應該也是親筆信最容易讓對方感受到心意。第3個原因是，容易在潛在客戶的公司裡成為話題。假如是透過電子郵件或表單寄送的直郵廣告，收到的員工鮮少會在公司裡分享。不過，如果是郵寄的印刷品，就有可能因為內容或呈現手法而引發口耳相傳。撇開要花成本這個缺點不談的話，郵寄DM具有很大的優勢。

話說回來，各位知道郵寄DM，有①一步型與②二步型之分嗎？前者是一開始就郵寄分量十足的冊子。後者則是先寄刊登了提供物的簡易傳單，之後再寄冊子給有反應的潛在客戶。筆者的公司是①與②並用，將冊子與傳單放在同個信封裡寄出去，冊子是要讓顯在客戶立即產生反應，傳單的提供物則是用來建立潛在客戶名單。適合使用哪個方法，取決於商品的性質與潛在客戶的人物誌。

現在正值網路行銷的全盛期，亦是以集客式銷售為主流的時代。正因如此，「郵寄DM」的存在反而格外醒目。

▶ 圖7-4　3個優勢與2種類型

「郵寄DM」的3個優勢

1 訴求力高，令人印象深刻
2 具有實體，容易感受到價值
3 在潛在客戶的周邊或公司裡成為話題

＞

①寄送

①寄送

②索取資料

③寄送

一步型

二步型

目的是向所有企業展現價值

目的是蒐集感興趣的企業承辦人資料

◻ 與外部夥伴通力合作，經過5個階段完成製作與寄送

接下來，筆者就將郵寄DM的一般流程，分成5個階段來解說。

首先，決定想賣的商品與目標對象。商品未必只能選擇1種，但目標對象必須縮小範圍才行。不妨從規模、營業額、業態、地區、有無上市等觀點，想像一下有可能交易的企業客戶。除此之外，還要設定大致的預算與成果目標，例如「投資100萬日圓，獲得15件洽詢」。接著，準備郵寄名單。準備方法有2種，分別是①自行蒐集與②向外部購買。前者雖然不必花錢，但要上網搜尋並建立資料庫，因此需要花費龐大的時間與勞力。至於後者雖然要花成本，但可向業者一次購買大量名單，因此比較有效率。最近也有方便的軟體，可自動在網路上蒐集名單，1筆資料的售價也變得非常便宜。只是，雖然可以根據規模、業種、總公司所在地等屬性購買目標名單，但有時裡面還包含了不需要的名單。因此要盡量以人工方式篩選，準備精準度高的名單。

接下來，要製作直郵廣告。由於需要高度的創意，基本上都是委託外部的專業公司製作。若想加強效果，製作的冊子至少要有16頁。另外，還要刊登有魅力的提供物，促進潛在客戶展開下一個行動。製作完成後，終於要寄出去了。郵寄DM通常一次都是幾千份、幾萬份，因此將冊子裝入信封、列印與黏貼地址名條、寄送的準備等工作，就委託給寄送業者處理。這樣一來就不用費事，而且寄送單價也能降低。最後一個階段，就是將有反應的潛在客戶製作成名單。之後，透過電話或電子郵件創造洽商機會。

流程看起來或許很複雜，不過實際上非常簡單。只是，第3階段的直郵廣告製作並不容易。這個階段對成果有很大的影響，因此要謹慎選擇外包夥伴喔！

▶ 圖7-5　經由5個階段獲得轉換

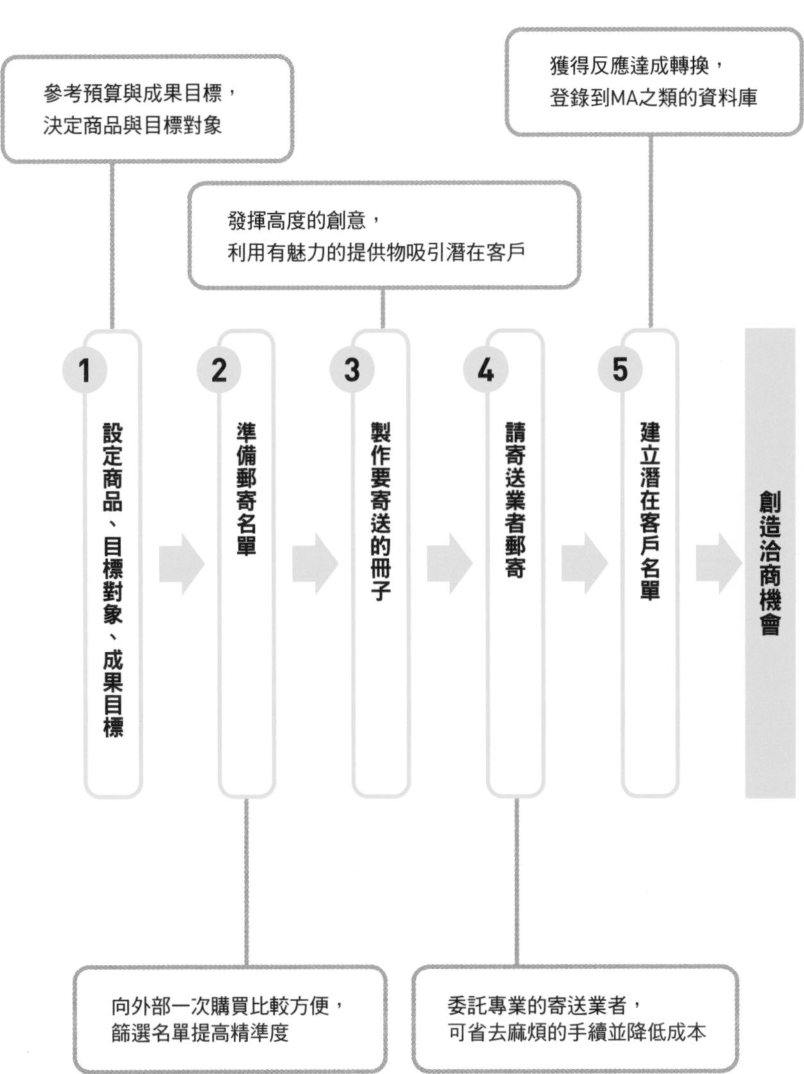
參考預算與成果目標，
決定商品與目標對象
發揮高度的創意，
利用有魅力的提供物吸引潛在客戶
獲得反應達成轉換，
登錄到MA之類的資料庫
1 設定商品、目標對象、成果目標
2 準備郵寄名單
3 製作要寄送的冊子
4 請寄送業者郵寄
5 建立潛在客戶名單
創造洽商機會
向外部一次購買比較方便，
篩選名單提高精準度
委託專業的寄送業者，
可省去麻煩的手續並降低成本

05 成敗取決於「名單品質×創意×有魅力的提供物」

□ 建立極有可能帶來業績的潛在客戶名單

在「行銷設計圖」中，企業與潛在客戶建立接觸點的「發掘」階段，其實有著共通的成功祕訣。這個祕訣就是：選擇潛在客戶容易產生反應的商品（前端），以及正確想像潛在客戶的心理與行為（人物誌）。除了這2項前提外，想讓郵寄DM成功發揮作用，還得知道3個關鍵詞。那就是①名單品質、②創意、③有魅力的提供物。

郵寄DM的「名單品質」是什麼意思呢？即使向知名調查公司購買高價的名單，依然會遇到「總公司已搬遷」、「跟其他公司合併，公司名稱已變更」之類的情況，而且這種情形還不少見。若想提高名單品質（精準度），就算很麻煩，還是得一間一間搜尋篩選才行。另外，缺乏實績且歷史不長的中小企業，就算想跟知名大企業交易，這也是一條困難重重的道路。換句話說，再怎麼努力寄直郵廣告給不可能成為客戶的企業，也是沒有意義的。當中特別難得到反應的，就是員工超過1萬人的超大企業、銀行與保險等金融相關企業、財團企業、能源相關的保守企業。雖然無法斷言「絕對不可能交易！」，但大部分的企業應該會基於信用因素，不給洽商機會就直接回避交易。因此，以當前的可靠業績為目標比較實際。

雖然筆者的公司目前跟知名企業也有生意往來，但這是實績增加、創立10年後才有的成果。剛開始運用郵寄DM時，就算得到反應，依舊沒機會與對方洽談生意。切記，對於聽都沒聽過的中小企業所發送的直郵廣告，多數大企業都會感到疑慮或擔心。

▸ 圖7-6 郵寄DM的成功方程式（1）

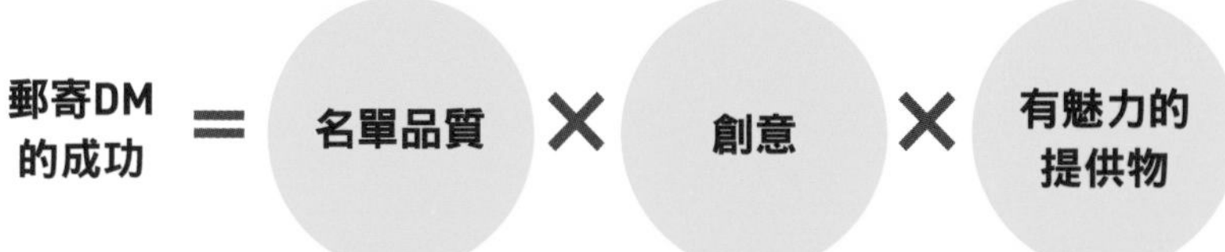
郵寄DM
的成功
=
名單品質
×
創意
×
有魅力的
提供物

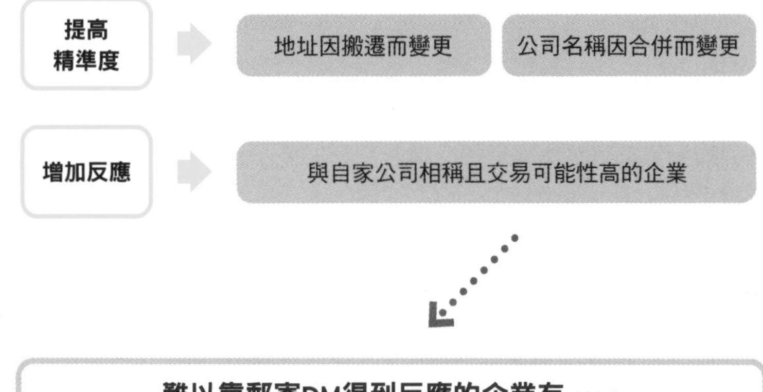
1 如何提高「名單品質」？
提高
精準度
地址因搬遷而變更
公司名稱因合併而變更
增加反應
與自家公司相稱且交易可能性高的企業
難以靠郵寄DM得到反應的企業有……

員工超過1萬人的
超大企業

銀行與保險等
金融相關企業

門檻很高的
財團企業

基礎設施與能源等
保守企業

製作分量十足的冊子，促進潛在客戶展開下個行動

接著要重視的是「創意」。這是指內容與表現手法，亦即足以得到潛在客戶的共鳴與贊同感的「內容（文案）」，以及讓人感到舒服的「視覺呈現（設計）」。換言之重點就是你的郵寄DM，能不能讓人覺得「看來這本冊子未來一定派得上用場，就先留在手邊吧」、「也給公司裡的相關部門及上司看看吧」，而不是馬上就被扔進垃圾桶裡。只要花工夫與成本講究品質，就能延長郵寄DM停留在潛在客戶手邊的時間，並且提高口耳相傳與介紹的可能性。創意之所以很重要，原因就出在這裡。如果針對每項商品、每個產業製作不同的郵寄DM，就能更有效地引起潛在客戶的深度共鳴。只要能讓潛在客戶確信「自己的煩惱或課題，就跟這本冊子寫的一樣！」，得到洽商機會的可能性就更高了。基於上述理由，要讓郵寄DM成功發揮作用，就必須採用冊子形式，而且頁數要夠多（建議至少要有16頁）。

最後也不能忘了準備「有魅力的提供物」。郵寄DM其實跟電視購物很像。電視購物如果只是讓人覺得「哦，原來如此」是不夠的，還要讓觀眾撥打免付費電話才會產生業績。同樣的，郵寄DM也必須讓潛在客戶展開行動才行。最大的「誘餌」就是提供物。請構思對讀者而言有用的內容，以便用提供物換取潛在客戶的個人資料。筆者常用的提供物，有「進一步的詳細資料」、「其他公司的成功案例」、「概算價格表」、「通訊報的免費續訂」等等。準備這些提供物的目的，只是要跟潛在客戶建立接觸點而已。因此，就算提供的是列印出來的PowerPoint或PDF資料也沒問題。

郵寄DM的成敗，取決於「名單品質」、「創意」、「有魅力的提供物」三者相乘的結果，因此只要忽略其中一項反應率就會大幅降低，但全都投注心力的話就一定能收到成果。

▶ 圖 7-7 郵寄DM的成功方程式（2）

2 「創意」很重要的原因

3 如何利用「有魅力的提供物」促進行動？

06 反應率只要達到0.5%，就一定能回本

著眼於LTV，而不是當前的洽詢或業績

郵寄DM必須投入相當多的預算才能得到足夠的成果。那麼，反應率要達到多少才算得上成功呢？

從結論來說，請以0.5%的反應率為目標。賣給公司行號的商品一般都是高單價，利潤率也不差。因此，就算反應率不高，也足以回收成本。發送直郵廣告給上市企業或中堅企業時，反應率要超過1%是非常困難的事。就筆者的親身經驗來說，超過1%的情況只發生過1次而已。以0.5%為目標，即是郵寄DM給5,000家公司，得到25家公司的洽詢。而其中有10家公司願意洽談生意，最後有3家公司成交。請不要失望地認為「寄給5,000家公司，居然只有3家公司成交……」。的確，郵寄DM給5,000家公司的話，購買名單的費用，以及小冊子的製作費、印刷費、寄送費全部加起來，至少要花200萬日圓。但是，假如成交的3家公司銷售額各為100萬日圓，第1個年度的銷售額就有300萬日圓。如果這3家公司第2年、第3年也貢獻相同的銷售額，3年加起來就有900萬日圓。另外，假如持續利用通訊報與電子報追蹤其餘22家「以後再買型客戶」，第2年終於得到其中3家公司的訂單，這樣就有300萬日圓。如果第3年繼續交易，總共就有600萬日圓。換言之，雖然發送直郵廣告的第1年銷售額只有300萬日圓，但到了第2年LTV就有900萬日圓，到了第3年則上升至1,500萬日圓。

從第4年起，假如這6家既有客戶仍繼續交易，而且還發生交叉銷售，或是介紹給其他部門或集團企業的情況，LTV就會變得非常龐大。著眼於LTV，而不是當前的反應率，正是成功的祕訣。

▶ 圖7-8 反應率有0.5%就足以回本的原因

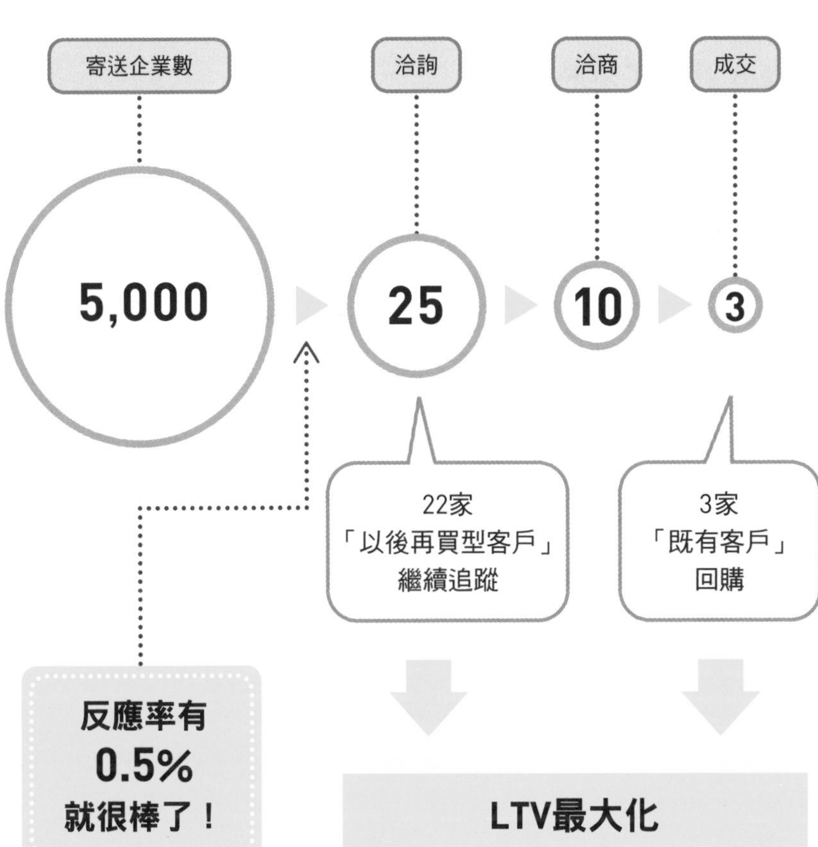

Chapter 7 重點整理

發掘潛在需求的「直郵廣告」

□ 運用充實的內容與高度的感性，提升潛在客戶的滿意度

「現在是網路行銷的全盛期，為什麼還要使用直郵廣告呢？」相信不少人都有這樣的疑問吧？不過，正因為數位是主流，有些時候送到手邊、具有「實體」的印刷品反而更有效果。其背景因素在於，商品太多難以選擇，以及客戶沒發現商品。潛在客戶並非全都有著明確的需求，懂得上網尋找商品，沒發現高品質商品的優良客戶一定存在。想讓這類客戶得知與認識商品，直郵廣告是最合適的方法。

話說回來，筆者也會收到直郵廣告，不過大部分都是立刻扔到垃圾桶裡。原因顯然在於企業不夠體貼讀者，例如①以賣家的邏輯製作；②內容不夠充實；③看起來很廉價，讓人沒有閱讀的欲望……等等。筆者也見過想引人拆封而精心設計的DM，但與其採用別出心裁的設計來提高開信率，延長停留時間與引發口耳相傳反而更能帶來成果。因此，絕對不能缺少能讓收到DM的潛在客戶覺得，「未來應該能派上用場，就先留著吧」的內容。

這裡就介紹2種，讓筆者記憶深刻的直郵廣告吧！其中一種是辦公室裝潢公司的DM，裡面刊登了許多設計得美侖美奐的辦公室案例，筆者將它收在辦公桌的抽屜裡保留了1年多。另一種是外資信用卡公司寄給高所得階層的DM，為30頁左右A5大小的精裝本。這本小冊子設計性高，而且能激起優越感，記得自己看了很多次。兩者賣的都是高單價或LTV龐大的商品，DM感覺得到合乎價值的品質。直郵廣告要成功，不只內容很重要，也必須具備高度的感性才行。

- [ ] 不只對應顯在需求，還可以發掘潛在需求
- [ ] 利用推式媒體告知潛在客戶沒注意到的課題
- [ ] 不會接到抱怨、最可期待效果的就是郵寄DM
- [ ] 比起開信率，更該著重延長停留時間與引發口耳相傳
- [ ] 提供值得一看的內容，以免馬上就被扔到垃圾桶裡
- [ ] 一步型的目的是洽談生意，二步型的目的是取得名單
- [ ] 考量交易的可能性，提高寄送名單的品質
- [ ] 創意取決於充足的頁數與內容
- [ ] 準備有魅力的提供物，促進潛在客戶展開行動
- [ ] 只要著眼於LTV，反應率有0.5%就夠了
- [ ] 首次交易，要選擇客戶容易採用的前端商品

適合郵寄DM的潛在客戶具備的3大特徵

□ 部門明確，想像得到煩惱，而且不難變更發包對象

每年郵寄1～2份DM給1,500～1萬家公司，雖然當中也有失敗例子，但反應率仍能進步到0.7～0.9%。要獲得這樣的成果，就必須辨別什麼商品適合直郵廣告，什麼商品不適合。

適合郵寄DM的潛在客戶，大致有以下3種特徵。第1種特徵是，承辦部門很明確。舉例來說，「招募簡介」就是人事部，「致股東報告書」就是公關部與IR部，只要載明收件部門，就能更容易讓承辦人看到DM。第2種特徵是，煩惱或課題可以預料。例如「來應徵的應屆畢業生很少，實在很傷腦筋」、「沒辦法向股東與投資者宣傳自家公司的魅力」等等，只要能夠想像承辦人的狀況，就有辦法提供恰當的資訊。第3種特徵是，不難變更發包對象。一般而言企業規模愈大，愈謹慎看待與新供應商的交易。因此，首次交易要盡量選擇客戶容易採用的前端商品。有過交易並且建立信賴關係之後，就能夠販售後端商品。前者是指金額低，對事業影響不大的商品；後者是指金額高，而且不容許失敗的商品。舉例來說，傳單與企業內部刊物就是前端商品，公司網站與行銷顧問服務就是後端商品。

話說回來，應該也有人屬於「之前寄過DM，但都沒有反應」這種狀況吧？其中一個原因是，名單、創意、提供物的其中之一（或是全部）不佳。另一個原因則是，公司網站有問題。B2B的潛在客戶，就算覺得商品有魅力，也一定會調查賣家企業。而公司網站就是潛在客戶邁出的第一步，假如沒提供充實的內容，就會降低獲得洽商機會的可能性。換言之，企業必須建構「集客」之後的路線。

▶ 圖7-9　讓郵寄DM成功發揮作用的祕訣

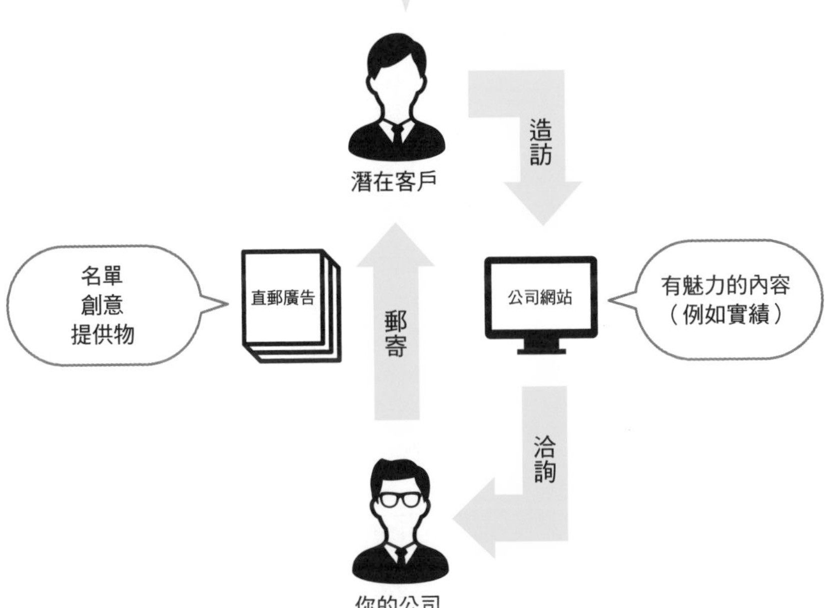

▶ 圖7-10　郵送DM成功案例

1 案例Ⓐ

A5大小
12頁

反應率 **0.9%**

目標企業	上市企業 約1,700家 ※限定總公司位在關東圈的企業
收件部門	公關部與IR部
商品	致股東報告書（營業報告書）
洽詢件數	15件
成功的關鍵	採用A5小冊子形式，介紹容易讓股東與投資者理解的內容範例。為了顛覆IR的嚴肅印象，使用插畫營造輕鬆柔和的印象。跟發包金額高的IR顧問公司做比較，促進客戶重新考慮更換發包對象。

2 案例Ⓑ

A4大小
40頁

反應率 **0.7%**

目標企業	員工100～300人的中小企業與中堅企業 約2,500家
收件部門	董事長兼總經理
商品	公司簡介、業務用型錄
洽詢件數	17件
成功的關鍵	如果目標對象是員工較少的中小企業與中堅企業，老闆看到DM的可能性就很高。使用年長的老闆也能輕鬆閱讀的大字體，製作成多達40頁的A4冊子。不僅很有存在感，洽商時也具有優勢。最後本公司獲得了許多訂單。

3 案例Ⓒ

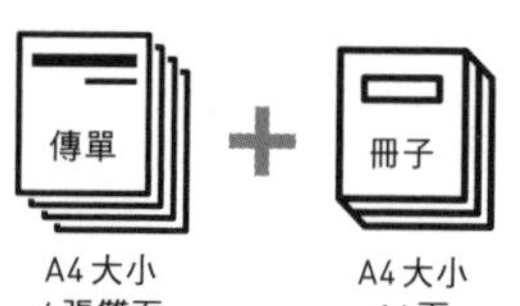

反應率 **0.9%**

目標企業	中堅企業與上市企業 約4,500家
收件部門	經營企劃部
商品	公關誌、招募簡介、網站、綜合報告書以及通訊報的定期續訂
洽詢件數	42件
成功的關鍵	信封裡裝了4張介紹各項商品的傳單，以及刊登了各商品的提供物、能提高本公司可信賴性的16頁A4通訊報。以獲得名單為最優先目的，因此促請客戶免費定期續訂這份通訊報。

Chapter 8

能以專家立場洽談生意的「指南」

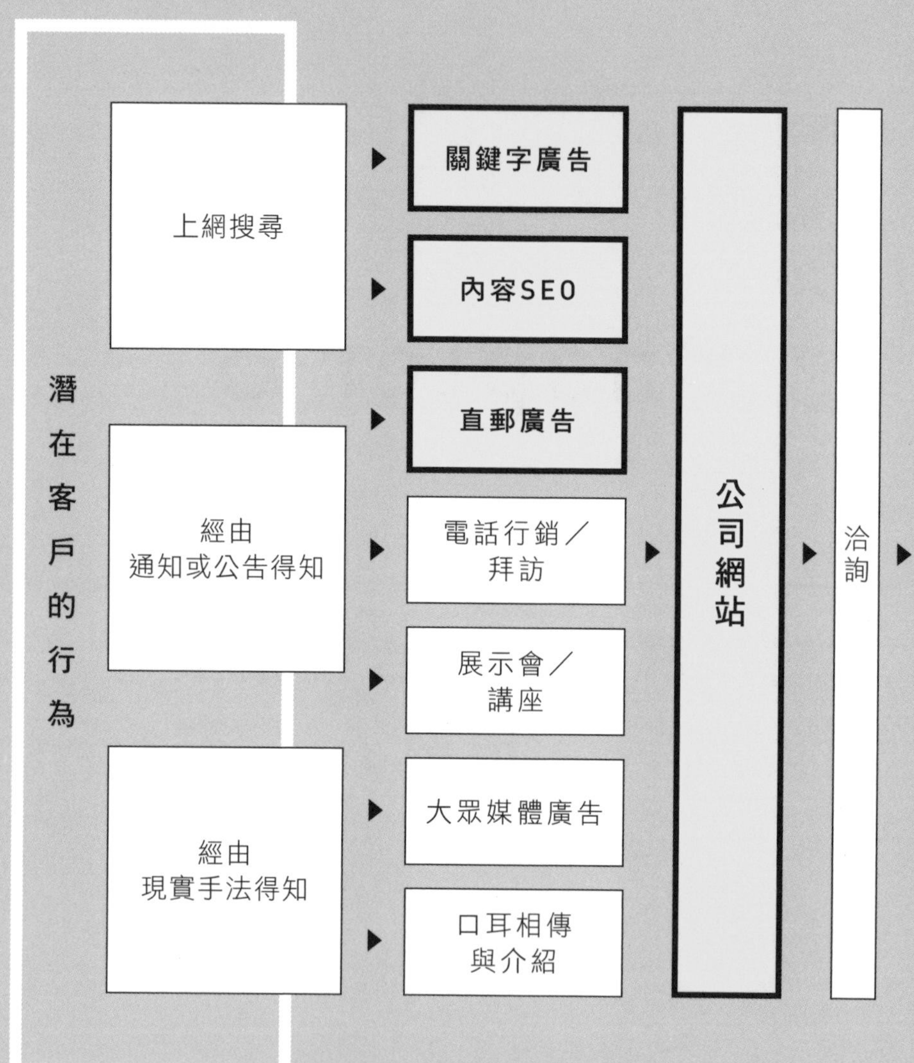
潛在客戶的行為
上網搜尋
經由
通知或公告得知
經由
現實手法得知
關鍵字廣告
內容SEO
直郵廣告
電話行銷／
拜訪
展示會／
講座
大眾媒體廣告
口耳相傳
與介紹
公司網站
洽詢

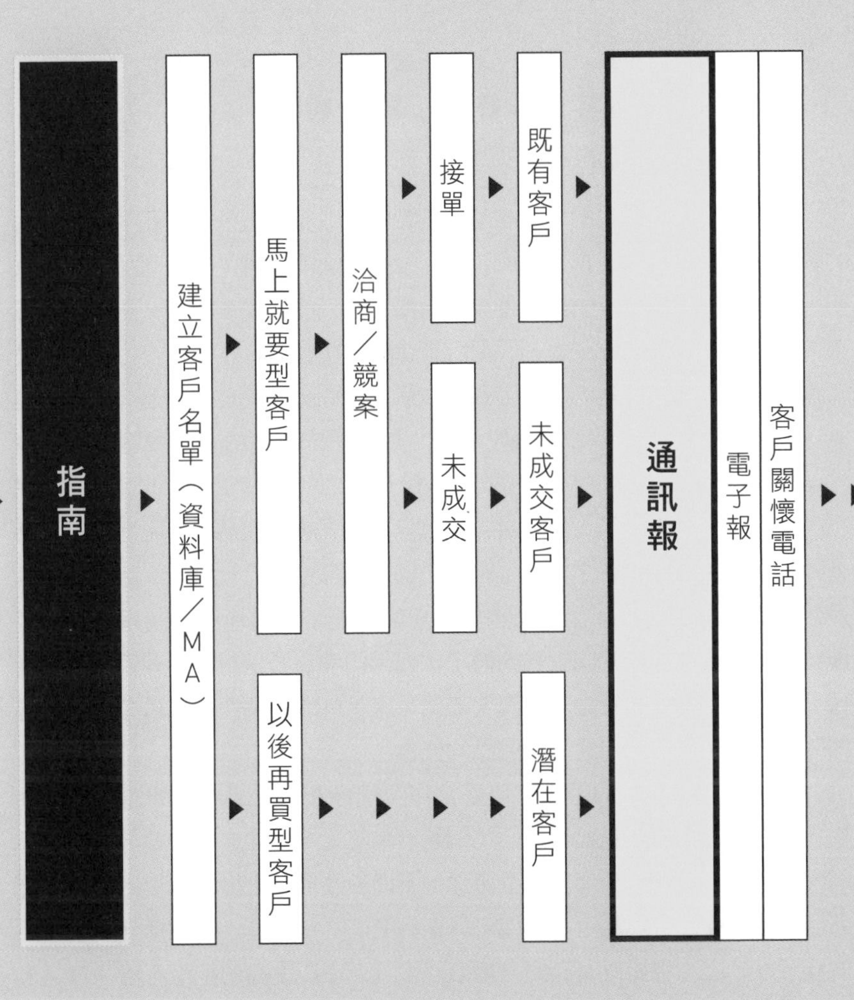
指南
建立客戶名單（資料庫／MA）
馬上就要型客戶
以後再買型客戶
洽商／競案
接單
未成交
既有客戶
未成交客戶
潛在客戶
通訊報
電子報
客戶關懷電話

01 談完生意之後，商品型錄與公司簡介就會被扔進垃圾桶裡

□ 利用帶給潛在客戶「好處」的內容，成為受到感謝的存在

指南是為公司販售的各項商品個別製作的冊子，提供對潛在客戶有幫助的資訊。各位也可以將指南想成是把自有媒體上的文章，按照商品或主題重新編輯而成的印刷品。指南是用來分享潛在客戶的煩惱或困擾，並且提供解決問題的建議或Know-How、採用商品的好處、企業客戶的成功案例、最新趨勢、選擇發包對象的標準等有益資訊。因此，關於自家產品或服務的功能、其他公司沒有的特色或優點等等，這類用來推銷的資訊比例要壓到最低。

相信不少人都收過，業務員在推銷自己沒興趣的商品時，所提供的商品型錄或公司簡介。談完之後，這些東西是不是都進了垃圾桶呢？除非潛在客戶想買商品，否則這種從賣家角度製作的小冊子，對他們而言只是一種困擾。不過，指南卻是貌同實異的冊子。因為內容主要是對潛在客戶有益的話題，指南反而是受到感謝的東西。如此一來，就能延長停留在潛在客戶手邊的時間，並製造與公司建立接觸點的機會。

指南有各式各樣的用途。可以當作關鍵字廣告所導向的到達網頁提供物，或是當作資料發送給透過公司網站洽詢的人。除此之外，還可當成直郵廣告郵寄，或在展示會與講座上發送。不同於在網路上提供的資訊，指南可運用在多方面的接觸點上。不僅可以期待第一次接觸時，能夠提升潛在客戶的滿意度，之後也能以有利的立場洽談生意。完成度高的指南，用一句話來形容就是「優秀的業務員」。潛在客戶在閱讀的過程中，會自然而然加深對貴公司的喜愛。

► 圖 8-1 **指南與商品型錄的差別**

「買家」想知道的資訊
＝
對潛在客戶有幫助

- 潛在客戶的煩惱或困擾
- 解決問題的建議或Know-How
- 採用商品的好處
- 企業客戶的成功案例
- 最新趨勢
- 正確選擇發包對象的祕訣

等等

「賣家」想說明的資訊
＝
對潛在客戶沒有幫助

- 所有商品的介紹
- 公司檔案

等等

立刻扔到垃圾桶裡

02 為每項商品個別製作1本指南，成為該商品的專家

□ 講究充足的資訊量與內容、表現手法，宣傳品牌

指南基本上是1項商品就製作1本。另外，如果潛在客戶的範圍很廣，按產業或課題製作也是有效的做法。縮小目標的目的，是為了建立「專家」地位。讓潛在客戶覺得「這家公司很了解自己」，有助於建立關係。

製作指南時，要講究①分量、②內容、③設計。首先是①分量，要讓讀者覺得自家公司是專家，資訊量一定要充足。建議頁數至少要有16頁。至於尺寸，如果要跟商業文書一致的話就是A4，如果要做成小冊子建議採B5或A5。接著是②內容，如同前述，要以「買家」想知道的資訊為主。最後的重點是③設計。即便內容再出色，表現手法若是不佳就會破壞印象。因此在表現手法上不要妥協，必須讓人覺得「不愧是這個領域的專家」。尤其若是販售高價商品或先進商品，指南也得講求品味才行。除了使用圖片、委託攝影師拍攝相片之外，紙質、裝訂、加工也都要講究，努力宣傳品牌。獲得的業績，一定會與付出的投資成正比。

假如是「不知道商品賣不賣得掉，不太敢進行高額投資」的情況，也可以先由內部製作簡易的指南，得到回響後再花錢製作。筆者的公司所販售的商品當中，有一項是在創業〇〇年之類的特殊年份製作的「公司史」。當初不曉得這項商品有多少需求，因此我們先製作A4大小、總共4頁的簡易指南。得到回響之後，再製作B5大小、總共32頁、使用燙金效果的精裝本。這本指南單價1,400日圓，雖然投資不算少，不過關鍵字廣告的反應不錯，1件案子的銷售額高達數百萬日圓，因此成功提供了符合商品的價值。

► 圖8-2 **建立專家地位的3個重點**

真是了解我！

潛在客戶

基本上1項商品製作1本

按產業或課題製作也很有效

分量

充足的資訊量

- 至少16頁
- A4或B5、A5大小

內容

「買家」想知道的資訊

設計

宣傳品牌

- 使用圖片、插畫或相片
- 紙質、裝訂、加工

宣傳品牌，建立「專家」地位

03 相較於PDF與PowerPoint，印刷品更有效的原因

□ 可提高潛在客戶感受到的「價值」，也很方便使用的媒體

為了減輕環境負擔，大企業紛紛推行無紙化，在商務場合上印刷品往往不受歡迎。只要將資料電子化，確實就不需要找地方保存紙本，想要搜尋檔案也很容易。事實上，目前行銷領域的主流做法也是將PDF或PowerPoint檔案上傳到網站，再請潛在客戶自行下載。如此一來就不用花印刷成本，而且內容若有變更，只要更新檔案就好，一點也不費事。雖然電子檔案看似好處多多，其實當中埋藏著陷阱。

如果要製作對B2B潛在客戶有幫助的指南，通常至少要10頁，有時最多還會超過50頁。假如只有2～3頁，或許就會直接在電腦螢幕上閱覽，不過一般都是將下載的檔案列印出來再看吧。更別說不裝訂就很難閱讀的檔案，如果要看實在非常費事。

更大的問題是，PDF檔案很難感受到「價值」。即便提供的是完全相同的資訊，假如製作成可講究設計、紙質、加工的印刷品，就能大幅提升潛在客戶感受到的價值。像網站或PDF的資訊，只能在電腦螢幕上顯示。尤其筆記型電腦的螢幕很小，一次呈現出來的資訊量有限。反觀印刷品，大小與頁數都沒有限制。如果採用觀音摺，可大膽地在寬廣的版面上呈現資訊，因此能提升一覽性。如果採用蛇腹摺或魔術摺之類的加工方式，也可以勾起潛在客戶的興趣。

如果是B2B銷售，承辦人應該也需要給上司或決策者閱覽資料才對。這種時候，印刷品比較能發揮效果。製作具有實體的印刷品，其意義就在這裡。

▸ 圖 8 - 3　印刷品比電子檔案更能感受到價值

印刷品

冊子

VS

電子檔案

- 設計與表現手法都很自由
- 講究紙質與加工
- 容易感受到「價值」
- 要花成本

- 不易在電腦螢幕上閱覽
- 要印出來或裝訂都很麻煩
- 難以感受到「價值」
- 不花成本

印刷品是好用的媒體

讀起來很方便，
也能感受到價值

也請上司或
決策者看看吧

潛在客戶

回應洽詢時
當作提供物寄送

當作直郵廣告
郵寄

在展示會或
講座上發送

洽談生意時
直接交給客戶

你的公司

04 刊登的內容只限「有用資訊」

□ 免費提供有用資訊的「無償」是基本態度

本節要解說的是，指南所刊登的內容。從結論來說，內容只限「有用資訊」。有關公司或商品的記述，比例要壓到最低。第一次接觸時，絕大多數的潛在客戶都會疑神疑鬼，心想「這是可以信賴的公司嗎？」、「會不會向自己推銷商品？」。因此，以平等的關係起步，會比以賣家與買家的關係起步，更能提高洽商的可能性。編排在版面上的內容，要以有用資訊為主。自家公司與企業客戶加起來，筆者已製作過100本以上的指南，在這段經驗當中，筆者發現有個架構能讓潛在客戶產生共鳴，這個架構是由5個段落構成的。

第1個段落就是觸及潛在客戶的煩惱或課題，揭露具體的狀況。如此一來就能獲得讀者的共鳴，使他們覺得「這家公司很懂我的煩惱」。第2個段落是與商品有關的一般資訊。例如產業知識與全貌，以及動向與最新趨勢等等，強調自家公司是可以信賴的「專家」。第3個段落是分量最多的部分，即購買商品的建議、點子、Know-How等等。分享累積下來的實績與經驗，或是根據有識之士的知識見解提出解決辦法。刊登「客戶感想」也能收到效果。第4個段落是關於採用商品時，挑選供應商的方式。要明確地說明，自家公司與競爭者的不同之處。最後一個段落是，說明公司的強項與特長，有需要的話就準備提供物。

獲得共鳴的祕訣，就是態度要「無償」而非「有償」。雖說這是自家公司發行的指南，假如在裡面推銷商品，通常是無法獲得共鳴的。必須對煩惱或課題感同身受，並且免費提供對潛在客戶而言有用的內容，這樣才能獲得信賴。

▶ 圖 8-4 傳達「有用資訊」的版面架構與段落

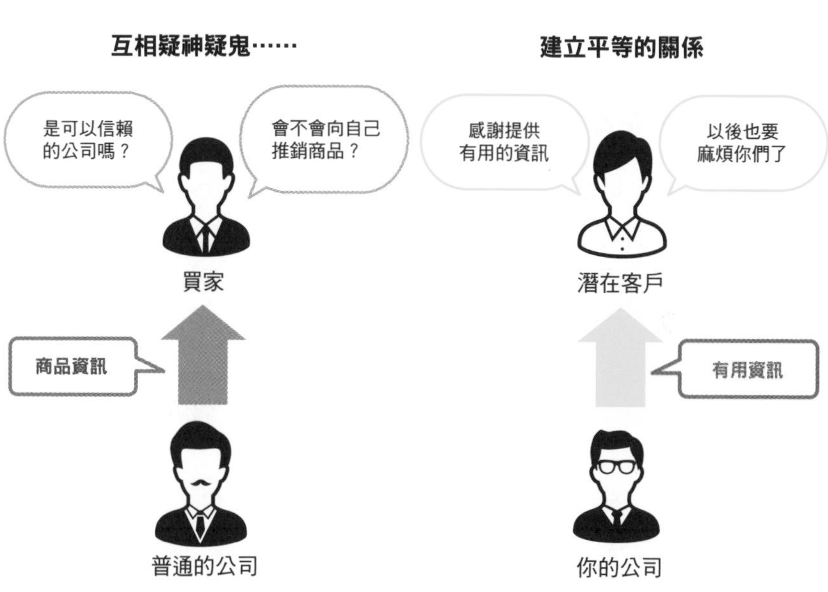
互相疑神疑鬼……
是可以信賴的公司嗎？
會不會向自己推銷商品？
買家
商品資訊
普通的公司
建立平等的關係
感謝提供有用的資訊
以後也要麻煩你們了
潛在客戶
有用資訊
你的公司

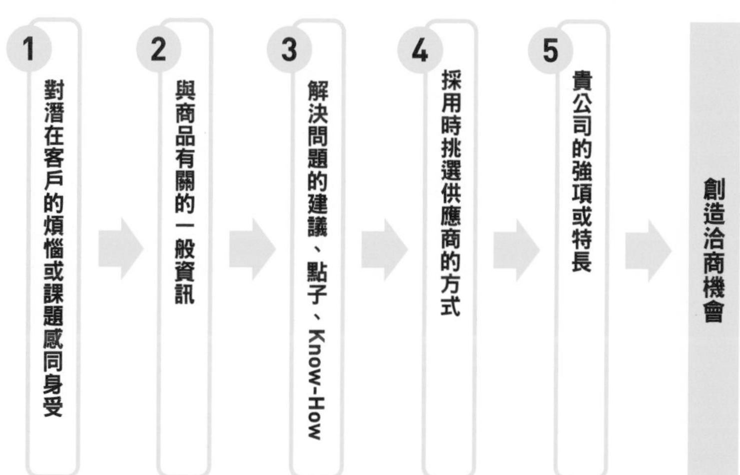
成功的指南「架構與段落」
1 對潛在客戶的煩惱或課題感同身受
2 與商品有關的一般資訊
3 解決問題的建議、點子、Know-How
4 採用時挑選供應商的方式
5 貴公司的強項或特長
創造洽商機會

05 將內容上傳到網站能得到雙倍的效果

再度刊登或挪用內容，實現跨媒體連鎖

製作指南時所編輯的內容，若是再度刊登在公司網站或自有媒體上也能收到效果。因為看到印刷品的機會有限，但放在網路上可以期待許多訪客瀏覽。公司與潛在客戶的接觸點，不知道會在哪裡產生。因此，盡可能擁有廣泛的集客站是很重要的。挪用到公司網站時，是刊登在產品或服務資訊的頁面上。你可以將整本指南刊登在網站上，也可以簡明扼要地刊登精華。不過，要強調指南是洽詢的提供物，好讓對商品感興趣的使用者願意留下足跡喔！

自有媒體是一種與指南的親和性很高，不難挪用內容的媒體。首先從指南當中，挑選想告訴潛在客戶的內容。為了透過SEO提高排名，製作文章時，要在網頁標題與文章標題等強調重要性的文字標籤內插入搜尋關鍵字。網站必須留意可讀性，因此要根據便於閱讀的排版規則編輯文字，例如換行或分段等等。另外，還要配合電腦與智慧型手機的最佳閱讀長度編排，如果文章很長就分割成數篇發布吧。找出符合文章的相片，為內容增添變化也是有效的做法。除此之外，還有一招祕技就是應用在新聞稿上。這個方法是打出「免費索取彙整〇〇〇Know-How的小冊子」之口號，藉此取得潛在客戶名單。日本國內有不少新聞稿代發公司，1篇新聞稿只要花2～3萬日圓就能輕鬆發布。

內容是為了製作指南，特地辛苦編輯而成的。不要只運用在印刷品上，或是只運用在網路上，應採取「跨媒體連鎖」的方式，努力與潛在客戶建立更多的接觸點。

▶ 圖8-5　擴大潛在客戶「接收站」的跨媒體連鎖

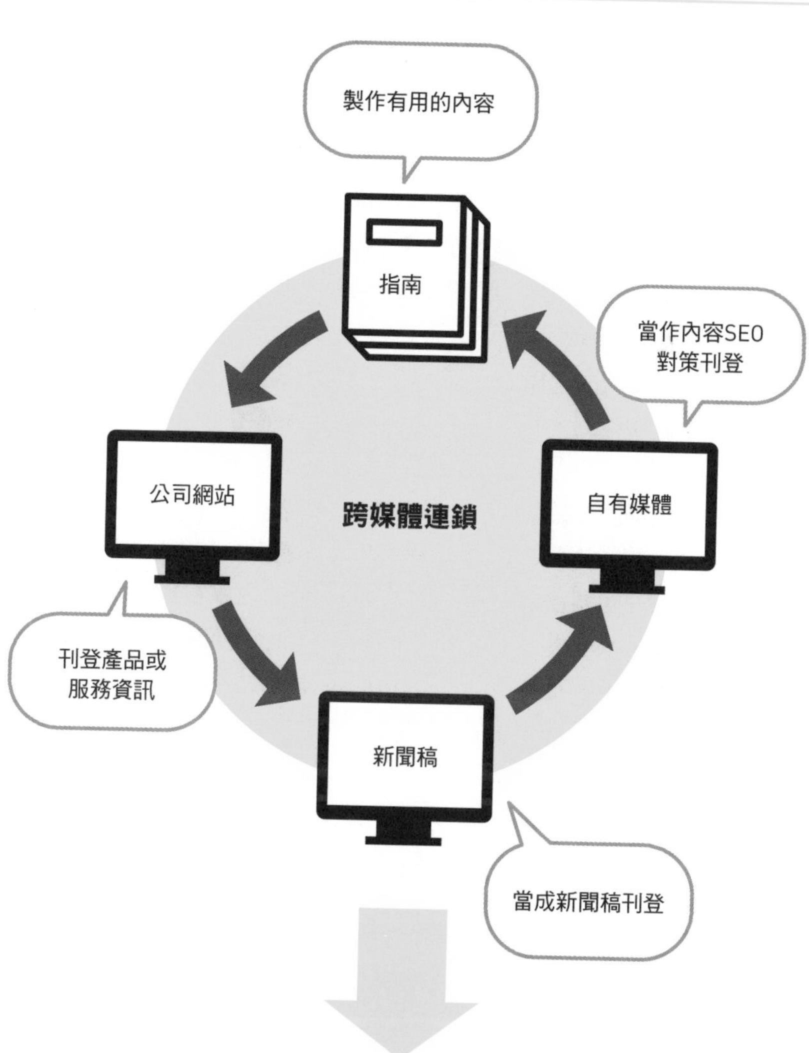

藉由再度刊登或挪用內容來增加接觸點

Chapter 8 重點整理

能以專家立場洽談生意的「指南」

□ 最能期待潛在客戶「回報性」的要素

最近的主流做法是請客戶下載「白皮書」，這是刊載了有益資訊與採用案例等資料的PDF檔案。不過，筆者刻意使用指南這個名稱，而不稱為白皮書的原因，就如8-3所述，是想要強調印刷品的優越性，以及刊登豐富的內容需要一定的頁數這2點。

羅伯特・席爾迪尼（Robert B. Cialdini）在著作《影響力：讓人乖乖聽話的說服術》中提到，有6種心理學原理可促使潛在客戶展開行動。其中之一就是「回報性」。「知恩圖報」是人類的習性，在B2B行銷上，則是指潛在客戶「想跟提供有益資訊的公司交易」之心理。

「行銷設計圖」的6大要素，全是基於這個觀念。其中最能期待「回報性」的要素，就是可將潛在客戶想知道的資訊，全收錄在1本印刷品裡的指南。對企業客戶的承辦人而言，指南並非只是提供他們解決課題的建議或有幫助的Know-How。例如筆者製作的指南內容，就有不少承辦人會直接用於給上司的簡報資料，或是公司內部的簽呈。這種時候，獲選為發包對象的機率就非常大。

因為很重要，容筆者再強調一次：指南跟極可能馬上就被丟掉的商品型錄截然不同。指南完全是站在「買家」的立場，對他們的煩惱或課題感同身受，並以專家立場提供解決問題的建議、採用的祕訣、其他客戶的成功案例、挑選商品的方法等有幫助的資訊。總之關鍵就是，要了解潛在客戶的心理與行為，再構思、企劃、編輯內容。

- ☐ 指南與站在賣家立場的商品型錄是貌同實異
- ☐ 提供潛在客戶想要知道，而且有用的資訊
- ☐ 有各種用途，例如當作回應洽詢的提供物，或在展示會上發送
- ☐ 1項商品製作1本，藉此建立專家地位
- ☐ 具有實體的印刷物，比PDF更能感受到價值
- ☐ 首先要明確寫出讀者的煩惱或課題，藉此獲得共鳴
- ☐ 具體提出解決問題的建議、點子、Know-How
- ☐ 說明自家公司與競爭者的不同之處，宣傳強項與特長
- ☐ 獲得共鳴的祕訣是態度要「無償」而非「有償」
- ☐ 挪用製作好的內容，實現跨媒體連鎖
- ☐ 就算是進軍沒有實績的新市場，一樣能發揮效力

就算是沒有實績的商品，也能與潛在客戶建立信賴感

□ 進軍某個新市場時，能發揮很大的威力

對於以企業的廣告、公關部門為目標對象，負責企劃與製作印刷品、網站、影片的製作公司而言，想販售沒有實績的商品，以及增加商品種類有什麼祕訣呢？其中一個祕訣就是指南。

假設公司想販售的商品，是上市企業針對股東發行的「致股東報告書」，以及企業招募社會新鮮人時發給大學生的「招募簡介」。前者可造訪上市企業的公司網站，然後透過洽詢表單發送DM。後者則可在大型求職網站蒐集電子信箱，再寄電子DM（EDM）給企業的人事部。這種游擊式行銷之所以能夠期待反應，最大的原因就是準備了指南當作提供物。例如為上市企業製作「致股東報告書的建議集」，為人事部製作「徵才廣告的成功法則集」，兩者都是A5大小的16頁小冊子。只要在直郵廣告的正文裡提到，公司將「免費發送」提供物，就能夠獲得許多反應。

這個例子的重點就是：「即便是之前沒有實績的商品，只要有指南，就能與潛在客戶建立信賴感」。換言之，想要進軍某個新市場（商品）時，指南能發揮很大的威力。因為指南足以彌補「缺乏實績」這個致命的缺點，公司便能陸續進軍之前不曾接觸過的新市場。

製作指南的祕訣，在於蒐集與整理資訊。首先，透過上網搜尋、查閱相關書籍、詢問專家等途徑蒐集資訊，再將這些資訊集中在1張心智圖上。接著，從中挑出潛在客戶有興趣、應該能派上用場的內容，然後製作原稿。筆者至今製作過的指南大多超過16頁，之前還製作過72頁的小冊子。

▶ 圖 8-6　**指南的可靠效果與推薦的製作方式**

能在進軍新市場時發揮威力

不愧是專家，
那就洽詢看看吧

指南

商品A的潛在客戶

我們沒有商品A的
實績，對方一定
不會理我們吧……
普通的公司

信賴
提案
想進軍商品A的
市場，寄指南
給對方看看吧！
你的公司

指南的製作方式

上網搜尋 ／ 查閱相關書籍 ／ 詢問專家

↓

集中在心智圖上

↓

挑選內容製作原稿

↓

指南製作完成

▶ 圖8-7　指南的成功案例

1 案例Ⓐ

A5大小
44頁

主題：**企業內部刊物**

目標企業	員工超過300人的中堅企業與大企業
目標部門	公關部／人事總務部
標題	企業內部刊物的創刊＆修訂手冊
成功的關鍵	指南富含插畫與圖片，並且另外附上漫畫，成功引起年輕承辦人的興趣。收錄的主題範圍廣泛，例如創辦內部刊物的方法、構思企劃的點子、修訂方法與變更業者的方法等等。

2 案例Ⓑ

A5大小
72頁

主題：**網站**

目標企業	從中小企業到大企業的所有公司行號
目標部門	公關部／經營企劃部
標題	知道賺到！網頁用語集　立即掌握22個關鍵字
成功的關鍵	對網站負責人而言，要了解專業用語是非常累人的事。因此指南收錄22個不可不知的用語，並且各用1個跨頁的篇幅解說。讓負責人能夠大致了解，定期翻新網站時派得上用場的知識。

3 案例Ⓒ

A5大小
40頁

主題：**綜合報告書**

目標企業	上市企業
目標部門	IR部／經營企劃部
標題	第一份綜合報告書
成功的關鍵	綜合報告書是提供投資者財務資訊，以及環境、社會、公司治理等非財務資訊的冊子。這是非常小眾的商品，販售的製作公司並不多。本公司透過網路與專業書籍，蒐集ESG、CSR、SDGs的相關資訊，再整理成1本小冊子。直郵廣告的反應率非常好，有1.0%。此外也當作關鍵字廣告的提供物，以及向既有客戶提案時的工具。

Chapter 9

有助於維持人際關係的「通訊報」

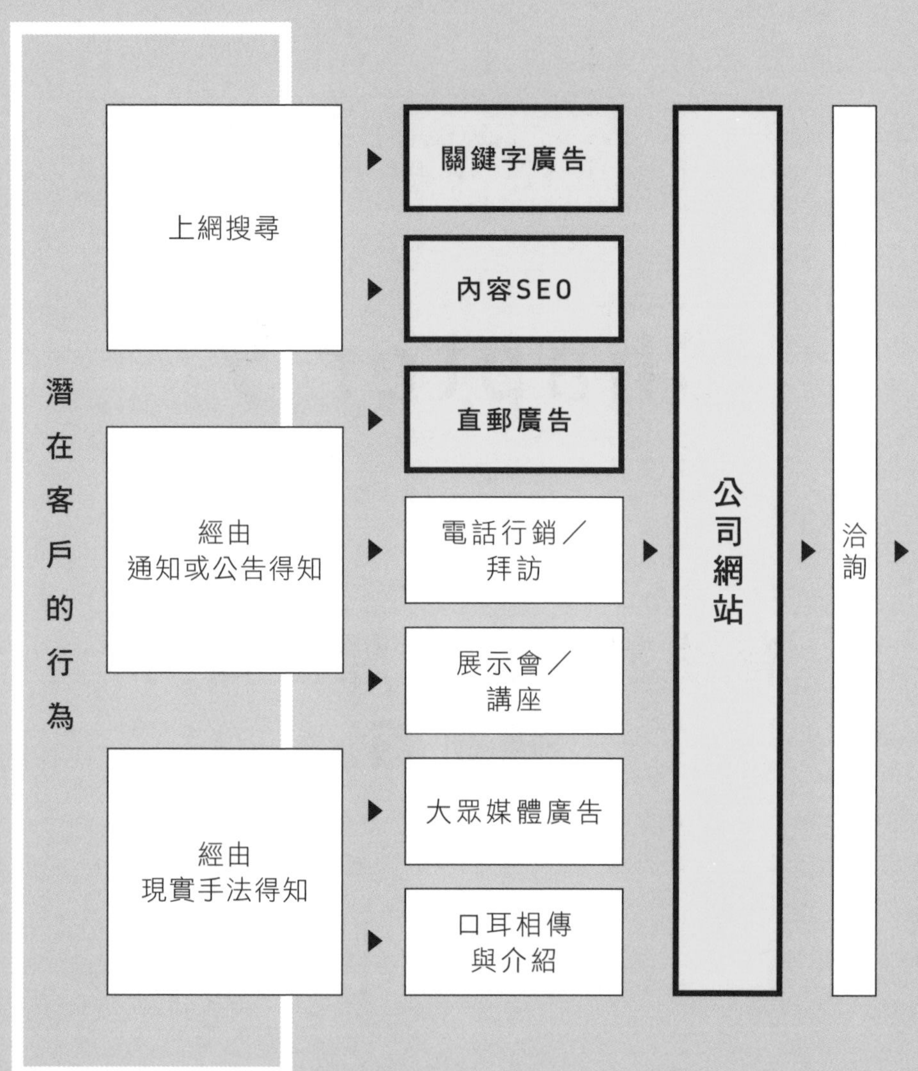

潛在客戶的行為
上網搜尋
經由
通知或公告得知
經由
現實手法得知
關鍵字廣告
內容SEO
直郵廣告
電話行銷／
拜訪
展示會／
講座
大眾媒體廣告
口耳相傳
與介紹
公司網站
洽詢

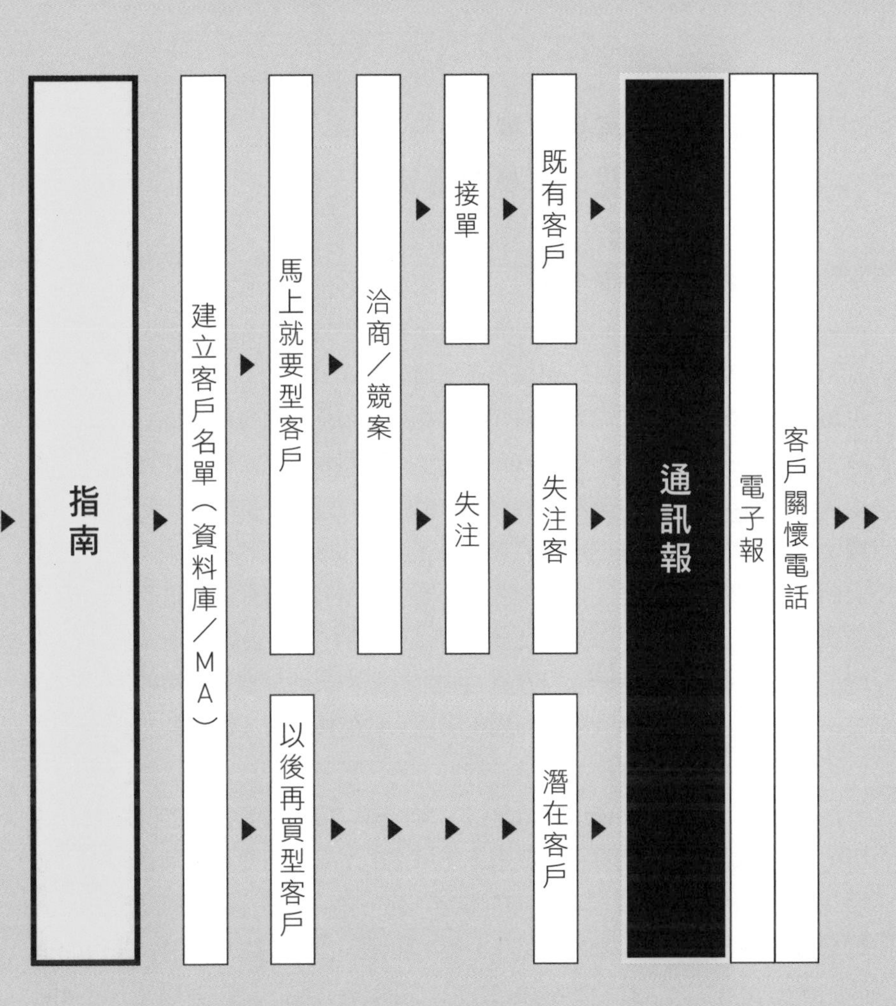
指南
建立客戶名單（資料庫／MA）
馬上就要型客戶
以後再買型客戶
洽商／競案
接單
失注
既有客戶
失注客
潛在客戶
通訊報
電子報
客戶關懷電話

01 紙本通訊報與網路電子報

創造與「以後再買型客戶」及「未成交客戶」交易的機會

就算成功招攬到潛在客戶，並且跟對方洽談生意，也並非一定都能成交。如果放著「以後再買型客戶」與「未成交客戶」不管，就會失去未來獲得業績的機會。因此，企業不可缺少與潛在客戶維持關係的工具。至於定期發布資訊的方法，如果是印刷品可運用通訊報（公關誌），如果使用網路則可運用電子報。兩者的企劃與製作方向都一樣，但各有優缺點。

通訊報就是所謂的「紙本自有媒體」。通訊報同樣是對潛在客戶的煩惱或課題感同身受，提供有幫助的資訊，但跟自有媒體不同的是，它是推式媒體。優點是可主動積極地接觸潛在客戶，發揮印刷品的存在感，容易讓人感受到價值。即便對方是「未成交客戶」，也非常有機會變成「既有客戶」。通訊報通常是採郵寄方式，但也可以親自交給客戶，讓對方感受到企業品牌。另外，通訊報也有助於提升員工的工作動力。雖然要花費製作、印刷、發送的成本，但只要講究內容與表現手法，就能成為效果顯著的工具。

至於電子報，自從網路普及於社會之後，這就成了B2B常見的工具。筆者也經常收到電子報，所以很清楚這其實是難以帶給讀者好感的媒體。由於可免費一再發送，我們實在沒理由不使用這項工具，但要讓人願意閱讀就必須花心思才行。雖然要視收件者的設定而定，總之要花心思的部分有2個，第1個是表現手法，例如刊登圖片，第2個則是提供有魅力的內容。假如是能夠產生共鳴，而且有助於解決自家公司課題的資訊，潛在客戶就一定會開信閱讀。由於電子郵件的文字量有限制，建議將潛在客戶導向自有媒體上的文章。

▶ 圖9-1 **通訊報與電子報的差異**

潛在客戶

以後再買型客戶

未成交客戶

郵寄

發布

通訊報

電子報

	通訊報	電子報
目的	定期提供有益資訊，獲得新的洽商機會	
優勢	推式媒體，可主動積極地接觸潛在客戶	
媒體	印刷品（有實體）	電子郵件（無實體）
成本	需要 （製作、印刷、郵寄成本）	免費 （任何公司都可使用， 件數與次數也都沒有限制）
優點	• 有存在感，容易感受到品牌 • 表現手法與內容的自由度很高 • 亦可提升員工的工作動力	• 完全不花成本 • 可一次大量發送
缺點	編輯與製作要花工夫與時間	難以帶給讀者好感

02 維持關係與交叉銷售 將御用聞銷售自動化

拯救因勞動方式改革而容易遭到拒絕的「拜訪銷售」

從前，日本有種拜訪銷售方式叫做「御用聞（御用聞き）」，即業務員定期拜訪老客戶或有可能購買的客戶，直接詢問對方需要的商品或服務來獲得訂單。在需求大於供給的成長期，這似乎是很常用的銷售方法。實際上，現在仍有不少公司會要求業務員進行御用聞銷售。不過，若站在潛在客戶的立場，看法卻是截然不同。

最近大家都開始避免無謂的加班，這意謂著負責發包或採購的承辦人行為有所轉變。決定交易對象的洽商確實很重要，但無謂的洽商通常會遭到拒絕。因此，除非有很大的好處，否則承辦人多半不太願意見業務員，而且這種情況愈來愈常見。筆者認為現在正是改變的好時機，應該徹底地重新檢討拜訪、打電話等，這類會占用對方時間的業務銷售手法。反之，如果是通訊報，就不會帶給客戶壓力。尤其對尚未交易過的潛在客戶而言，比起強迫推銷，定期郵寄通訊報，並透過電子郵件追蹤的做法更能產生好感。

另外，對於已交易過的既有客戶，通訊報一樣能發揮效力。舉例來說，我們能夠進行向上銷售或交叉銷售。前者是銷售價格比之前更高的高階版商品，後者則是再加售其他商品。通訊報的提供對象，是已建立某個接觸點的客戶，因此就算大力宣傳想販售的商品資訊也不要緊。也可以介紹同個類別但價格更高的商品，或是承辦人負責的其他類別之商品。此外，還可以刊登其他部門或集團企業想知道的商品資訊，「厚著臉皮」期待承辦人幫忙介紹或口耳相傳。請將御用聞銷售自動化，讓彼此都沒壓力，還能創造新的洽商機會。

▶ 圖9-2 與潛在客戶及既有客戶建立信賴關係的全新「御用聞銷售」

03 提供有用資訊 製造洽商機會

□ 運用特輯企劃與連載企劃製造節奏感，並定期發行

當競爭者增加後，能否與客戶建立接觸點，取決於公司是否建立了「專家」或「業界龍頭」的地位。因此，擁有通訊報之類的媒體，能帶給自家公司很大的優勢。發行通訊報的目的，是為了獲得與潛在客戶或既有客戶洽談生意的新機會。內容則以可促成洽商的話題為主。另外，通訊報不同於指南，目標對象是已建立接觸點的客戶，所以刊登些許推銷資訊也沒關係。

主要的內容，當然還是「有用資訊」。除了解決煩惱或課題的點子外，還要提供能更加感受到專業性與專家精神的文章。舉例來說，木材加工製造商可分享國產木材與進口木材的差異，勤惰管理軟體供應商可分享勞動方式改革的趨勢等等，總之就是以深入觀點撰寫文章。請大學教授、名人或業界權威發表意見也很有效果。檢查表、簡易診斷、問答之類的互動式企劃，同樣能增加讀者的反應。除此之外，建議也要刊登客戶訪談或專案介紹等，這類有說服力的文章。另外，假如是很有玩心的公司，也可以開設專欄，分享具話題性的趨勢，或是提供對事業有幫助的資訊。例如最近的熱門主題，有東京奧運、在家工作等等。而清涼商務、職場騷擾等話題，應該也可以引起讀者的興趣。

B2B的通訊報，基本上1年定期發行2～6次，分量約12～32頁。內容一般由「特輯企劃」與「連載企劃」這2個部分構成。運用重要的文章以及可輕鬆閱讀的文章製造節奏感，打造出張弛有度的版面。總之就跟雜誌或免費報紙一樣，要讓讀者看不膩，還會期待下一期的通訊報。

► 圖 9 - 3　**通訊報的主要內容與結構**

建立「專家」、「業界龍頭」的地位，
跟競爭者相比具有很大的優勢

有用資訊

- 解決煩惱或課題的建議、點子
- 感受得到專業性與專家精神的文章
- 檢查表或簡易診斷等互動式企劃
- 客戶訪談或專案介紹

趨勢資訊

- 具話題性的最新消息
- 對事業有幫助的話題

版面結構

特輯企劃  連載企劃

04 建立橫跨全公司的編輯團隊提升品牌印象

請協力公司支援，有效率地編輯內容

接著來看通訊報的製作流程吧！通訊報不同於指南，並不是1項商品製作1份通訊報，而是針對預設的企業客層，提供有關數種商品的資訊。因此，要先根據銷售策略，討論焦點要放在哪項商品上。決定好商品群後，再從承辦部門選出編輯人員，建立一支由總編輯領導的團隊。通訊報是企業的「顏面」，也是各種利害關係人會看的媒體。因此，大部分的企業都會請外部的協力公司支援，負責設計與製作原稿。可以的話，請在開工階段就讓協力公司成為編輯團隊的一員參加會議，這樣更能提升品質。這個階段先討論發行目的、大致的刊登內容、工作分配。

接著，召開企劃編輯會議，決定具體頁數、文章內容、是否要採訪或拍攝、內部與外部的工作分配等細節。如果發行次數很多，也可以舉行年度企劃會議，討論當年度的通訊報製作事宜。

接下來進入實際製作階段。根據文章的目的或方針，由寫手負責採訪與撰寫文稿，並請攝影師拍攝相片，還要視需要準備相片或圖片等素材。如果要請有識之士或名人發表意見，就由協力公司選擇對象並提出邀約。之後就要進行排版，版面設計跟內容一樣重要，而這大大取決於協力公司的能力。通常原稿會進行2～3次校稿，校對完後，先打樣校色，也就是檢查印出來的樣本，之後就正式進行印刷。這樣就製作完成了。

通訊報的製作，特徵是內容多樣，而且有許多人參與。總編輯必須具備很強的領導能力。

▸ 圖 9 - 4 **包括協力公司在內的編輯團隊製作通訊報的流程**

1 開工會議

- 由總編輯領軍，跟編輯人員、協力公司組成團隊
- 決定發行目的、刊登內容、工作分配
- 分享通訊報的全貌（概念）

▼

2 企劃編輯會議

- 討論頁數、內容、要不要採訪
- 內部與外部分工，決定誰要做什麼、何時要完成
- 如果發行次數多，也可舉行年度企劃會議

▼

3 製作內容

- 由內部或外部寫手採訪、撰寫文稿
- 如果有需要，就安排訪問有識之士或名人
- 除了攝影師拍攝的相片外，還要蒐集其他相片與圖片等素材

▼

4 排版與設計

- 由協力公司的設計師進行版面編排
- 修正與反映要求，然後校稿以及給各相關人士檢視
- 校對完後，將檔案送到印刷公司

▼

5 印刷與交貨

- 正式印刷前，先打樣校色
- 經過印刷、裝訂、加工等程序後，小冊子製作完成
- 交貨到總公司或寄送公司等指定地點

05 透過電子報掌握潛在客戶行動的策略

□ 插入自家網站的連結，為新的洽商機會增加優勢

如同前述，電子報很難讓人產生好感，而且文字量有限，不過它可以免費使用，發送次數也沒有限制，而且還能一次大量發送，是很方便的媒體。本節就來談談，電子報的有效運用方法。

如果公司已使用MA，當潛在客戶透過網路洽詢時就會自動建立名單，如此一來之後便能掌握他們的行動。反觀在展示會或講座交換名片的人，或是第三者幫忙介紹的潛在客戶，如果公司不特別做什麼事，就無法掌握他們的行動。因此，這時就必須運用問候信或電子報，與潛在客戶建立接觸點。舉例來說，你可以想像該潛在客戶可能會感興趣的內容，然後在問候信中，插入公司網站或自有媒體的連結。電子報也一樣，別直接寫出長篇大論，而是設置數個自有媒體文章的連結，順暢地將讀者導向他感興趣的話題。只要該名潛在客戶點擊這個連結，今後就能掌握他的行動，例如何時造訪網站、瀏覽了哪個頁面、下載了什麼樣的資料等等。只要分析客戶的行為紀錄，就能有效率地進行業務銷售活動。至於設定方法，只要在網頁裡埋入分析用的HTML標籤即可。事前研究行為紀錄，就能得知該名潛在客戶對什麼樣的商品或主題感興趣，因此洽談生意時就能順暢無礙地溝通。

之前，筆者曾將全體員工交換過名片的主要客戶檔案，一口氣登錄到MA裡。現在本公司每個月會發行2期電子報，常有從來不曾接觸過的客戶看了之後，願意給本公司洽談生意的機會。最近，電子報愈來愈難使人點閱，不過只要能讓讀者覺得內容很實用，這個媒體還是能充分發揮功能。

▶ 圖 9 - 5 運用電子報，與新的潛在客戶建立接觸點

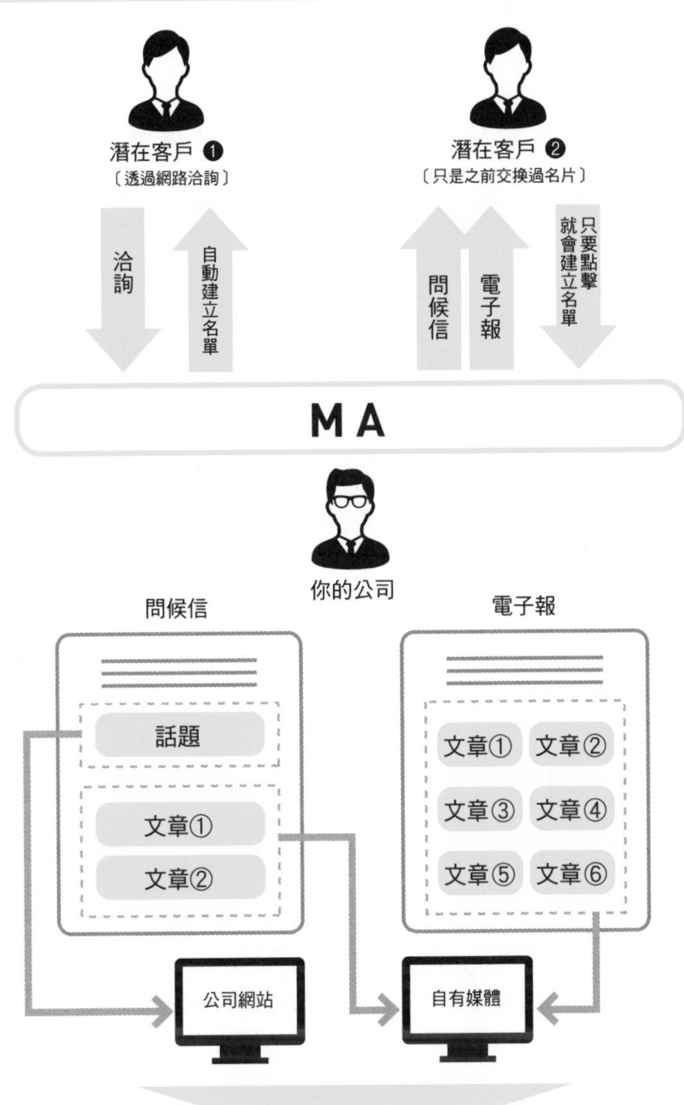

Chapter 9 重點整理

有助於維持人際關係的「通訊報」

□ 雖然難以測定效果，但可中長期提升品牌印象

由於費事又花成本，而且成果難以數值化，發行通訊報的企業並不多。因公關預算縮水而停止發行的企業，聽說反而變多了。不過，使用自有媒體的內容SEO是典型的拉式媒體，想增加訪客的話難度很高。反觀通訊報則是推式媒體，無論潛在客戶還是既有客戶，都可以主動積極地接觸。不僅1年可接觸數次，而且還能自動維持與客戶之間的接觸點，因此具有很高的利用價值。

若要帶來業績，除了必須提供對讀者有益的內容外，設計也要講究才行。一般而言，簡潔的冊子適合低價商品，精美的冊子適合高價商品，但也可以刻意運用反差手法，營造出意外性。例如，金融機構之類給人嚴肅印象的企業，使用漫畫來呈現內容。採取跟競爭者相反的做法也頗具效果，例如中小企業提出專業且大膽的見解等等。不過，這種手法若運用不當就會失敗。以前筆者曾看過某大旅行社的通訊報，為了塑造親近感，使用文字與插畫介紹員工的嗜好與家庭成員。像提供陌生員工的個人資訊這類無意義的手法，反而會造成反效果。反觀某住宅建設公司，不僅寄通訊報給既有客戶，促進他們口耳相傳與介紹，還會發給造訪樣品屋或接待中心的潛在客戶，藉此提升印象。就連B2C企業販售高價商品時，通訊報一樣能發揮威力，建構符合價格的品牌印象。

由於通訊報欠缺即效性，而且難以測定效果，企業通常不會優先考慮使用，但以中長期的觀點來看，這可說是有助於業績穩健成長的工具。

- ☐ 製造與「以後再買型客戶」洽商契機，也有望與「未成交客戶」再洽談
- ☐ 也有助於對「既有客戶」進行交叉銷售或向上銷售
- ☐ 一併使用通訊報與電子報，將洽商機會最大化
- ☐ 雖然要花成本，但這是可確實觸及客戶的推式媒體
- ☐ 因應勞動方式改革，將御用聞銷售機制化
- ☐ 能夠維持關係，完全不會對雙方造成壓力
- ☐ 因為已跟讀者建立接觸點，就算推銷商品也OK
- ☐ 運用特輯企劃與連載企劃讓讀者看不膩
- ☐ 召開企劃編輯會議，並由全公司一起提升品牌印象
- ☐ 利用電子報將客戶導向自家網站，找回接觸點
- ☐ 以中長期觀點來看，確實有助於提升企業品牌印象

每年定期發行3～4次，提升客戶滿意度

□ 雖然無法立即帶來業績，但能穩健地提高價值

通訊報要隨著公司的成長而進化，這點很重要。舉例來說，起初發行的通訊報是A4大小共8頁，5年後則可變成A4大小共16頁，內容也要大幅更新。假如最初發行時的交易對象以中小企業為主，通訊報採用能讓人輕鬆諮詢的簡潔風格，等實績增加，轉而以大企業及中堅企業為對象之後，就必須變更設計，讓讀者能夠感受到品牌印象。例如，刊登由企業客戶承辦人現身說法的專案介紹，或是每期用7頁篇幅刊載行銷或組織強化等主題的特輯文章等等。

有別於關鍵字廣告與直郵廣告，通訊報是難以估計定量成果的媒體。不過，發行通訊報具有3大意義，分別是①追蹤、②交叉銷售、③跨媒體連鎖。

①追蹤是指將御用聞銷售自動化。這有助於創造機會與潛在客戶洽談生意，以及提升既有客戶的滿意度並促進回購，而且不會造成壓力。此外也有助於建立，沒有業務員依然做得了生意的組織。接著是②交叉銷售，也就是向既有客戶販售其他商品，或者客戶幫忙介紹給其他部門或集團企業。最後的③跨媒體連鎖，是將製作通訊報時取得的內容，挪用到公司網站或自有媒體上。除此之外還可再度利用，例如回應洽詢時與其他資料一併寄給客戶、在洽商或提案時親自交給客戶等等。尤其「客戶感想」與「專案介紹」，是威力非常強大的內容。跟大企業交易過的實績可是致勝關鍵，能帶來許多訂單。雖然通訊報並非具即效性的媒體，無法立即帶來業績，但長遠來看，確實能幫助你的公司穩健地提升品牌印象。

▶ 圖9-6　**發行通訊報的成果**

通訊報的 3 種定性成果

	追蹤	交叉銷售	跨媒體連鎖
潛在客戶	御用聞銷售 〔創造新的洽商機會〕	——	內容可運用在其他地方 ・挪用到自有媒體上 ・挪用到公司網站上 ・回應洽詢時郵寄給客戶 ・洽商或提案時交給客戶 客戶感想　專案介紹
既有客戶	御用聞銷售 〔提升滿意度與回購〕	加售其他商品 販售給其他部門 或集團企業	

藉由 **新訂單與回購** 增加業績	藉由 **販售其他商品** 增加業績	藉由**豐富的證據與** **亮眼的實績** 增加業績

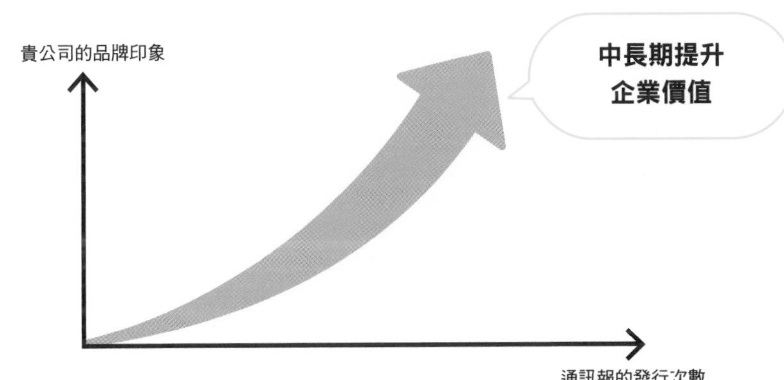

▶ 圖9-7

以廣告、公關負責人為目標對象的通訊報版面結構

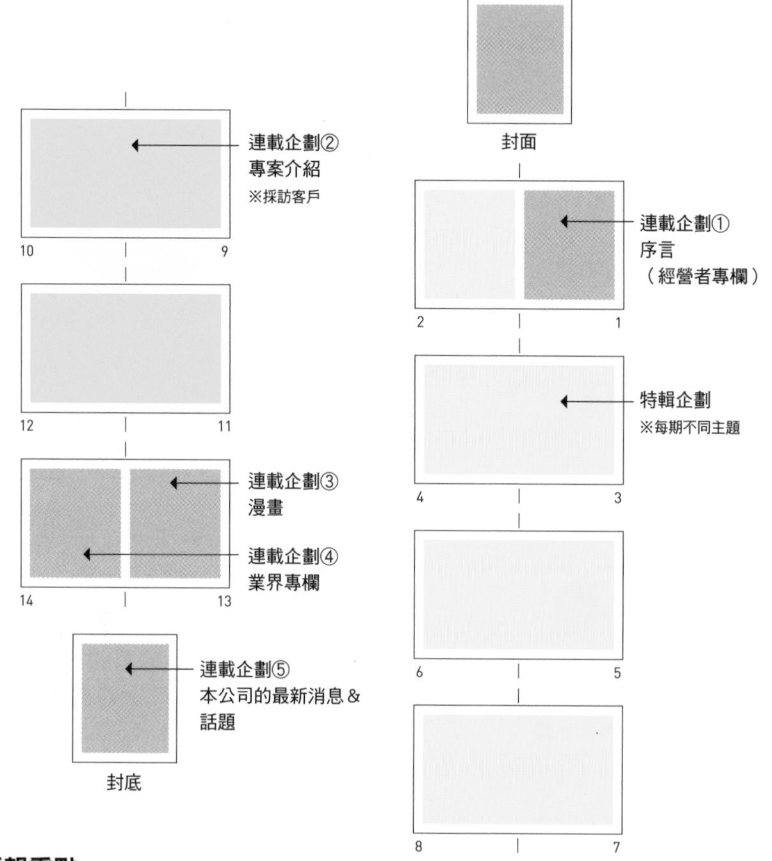

編輯重點

- 每期的版面結構一致，讓讀者可以看得安心
- 使用相片、圖片、漫畫等素材，盡量編排成直覺易懂的版面
- 特輯企劃占7頁篇幅，連載企劃占8頁篇幅，兩者的比例很平均
- 特輯企劃的主題每期都不同，版面設計也做些變化
  主題五花八門，例如：「B2B企業行銷」、「網路的障礙」、「讓商品熱賣的寫作技巧」、「企劃入門」、「招募新鮮人的新規則」等等
- 連載企劃②的專案介紹，是企業客戶承辦人與撰稿人的座談會。此外，還要安排攝影師拍攝相片。這篇文章也挪用到網站上，每次都能獲得許多瀏覽次數
- 封底的連載企劃⑤，是介紹本公司的活動與事件。這是看得到員工「面孔」的專欄，主要用來增進與既有客戶的溝通

Chapter 10

一起建構
「行銷設計圖」吧！

01 如何建構適合貴公司的設計圖？

□ 先決定「戰略」，再擬訂6大要素的「戰術」

前面為大家解說了構成「行銷設計圖」的要素。請根據公司的業種與商業模式、企業客戶的屬性，仔細考慮這些要素的優先順序與投資金額等細節。不過，這6大要素只是「戰術」。本節就從3個觀點來談談，在擬訂戰術之前的階段，經營層與團隊領導者該決定的「戰略」。

第1個觀點是，「挑戰無前例可循的事」。執著於過去的成功，以及公司內外的人際關係，都會讓人難以改變原本的做法。可是，你是不是也看到了市場的變化呢？例如「很難製造新的洽商機會」、「在展示會遇見的優良潛在客戶變少了」等等。行銷要實際做了才會知道結果。正因為沒人做過，一旦成功就能得到碩大的果實。請根據潛在客戶的心理與行為，建構出獨一無二的設計圖。

接著是「破除本位主義」。日本跟歐美不同，一直以來都有不重視行銷的傾向。事實上，筆者鮮少遇到設置CMO*1的企業。因此，公司裡沒有掌握全貌的人，業務、廣告宣傳、網路相關等部門則是各自為政。建議調整組織體制，基本上1項商品只設1名負責人。

最後是「遇見優秀的協力公司」。不少企業不看成本效益，只要每個月做1次報表分析就滿足了，這種現象在網路行銷領域特別顯著。挑選能協助自家公司提升業績的外部夥伴，是建構「行銷設計圖」的重要關鍵。

---

*1 Chief Marketing Officer的縮寫，即行銷長

► 圖10-1 建構「行銷設計圖」之前，需要訂定可靠的戰略

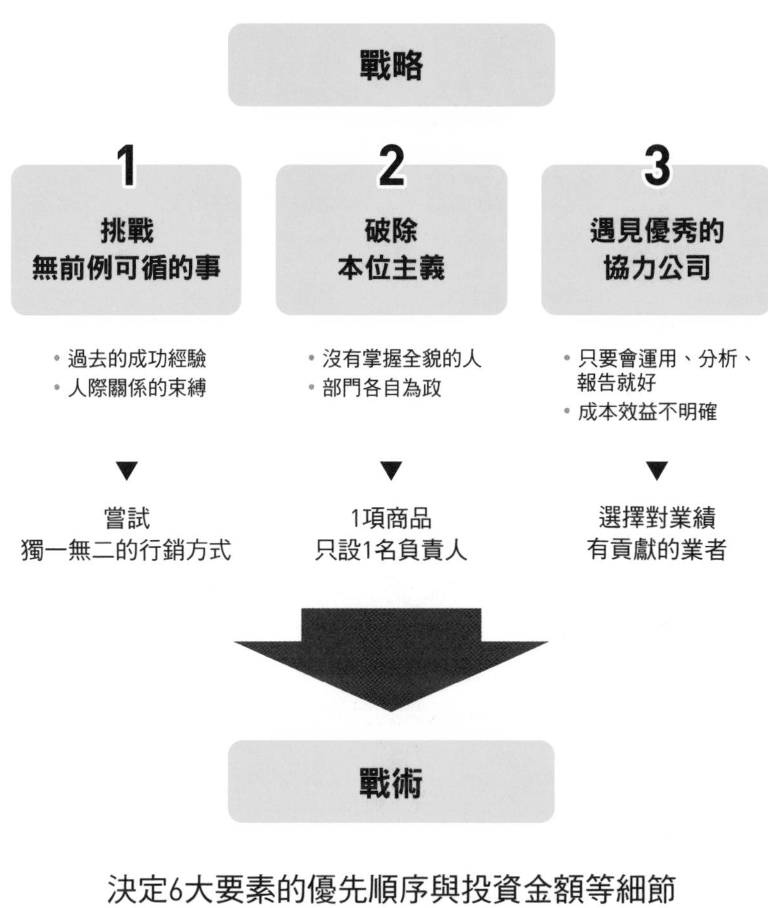

決定6大要素的優先順序與投資金額等細節

公司網站	關鍵字廣告	內容SEO
直郵廣告	指南	通訊報

02 不斷試錯與摸索，每年還要重新檢視1次設計圖

推動PDCA循環，不要維持現狀，應不斷追求最好

當行銷措施開始「走下坡」時，就可以將之視為需要改革的警訊。聽說某顧問公司，以前每年會舉辦大約100場的講座，藉由這個方式集客。但是，後來因為競爭者變多，導致參加者漸趨減少。有人提議「只要增加場次，參加者就會變得更多吧」，但老闆駁回了這個意見，反而取消冷門的講座，將場次砍半。結果，不只成本減少了一半，每場講座的參加者也變多了，會場又熱鬧起來，成交率也上升了。總而言之，不要以維持現狀為目標，應該不斷追求最好。行銷設計圖也必須定期檢視才行。

筆者本身經歷過「關鍵字廣告」出乎預料大獲成功的情況，也發生過刊登報紙廣告卻毫無反應的情況，發送電子DM與傳真DM也因為挨罵而作罷。製作的指南本來只有12～16頁，現在至少有40頁。直郵廣告原本1年發送3次左右，現在則縮小目標，減少成1年發送1～2次，但依舊維持0.7～1.0%的高反應率。另外，公司網站每2～3年就會改版或重新開設，最後進化成現在的樣子。專案介紹請專業攝影師拍攝，提高相片的品質，現已成為可引起潛在客戶興趣的內容。上述只是一部分的例子，總之筆者不斷試錯與摸索，失敗就作罷，成功就持續投資。雖然是老生常談，不過推動PDCA循環，根據結果進行改善是很重要的。

行銷是「活的」。社會或環境一旦改變，就會出現新的手法。建議各位要不斷試錯與摸索，每年還要重新檢視1次設計圖。

▶ 圖10-2

定期重新檢視，追求「行銷設計圖」的品質

避免滿足於現狀的10個問題

Q1	能不能賣給更多企業呢？	Q6	要不要新增別的內容呢？
Q2	價格能不能再抬高一點呢？	Q7	競爭者當中有沒有公司已經成功了呢？
Q3	反應率能不能再提高一點呢？	Q8	能不能引進其他業種的做法呢？
Q4	有沒有更事半功倍的銷售方式呢？	Q9	潛在客戶的人物誌有沒有變化呢？
Q5	要不要換一種表達方式或表現手法呢？	Q10	能不能降低成本呢？

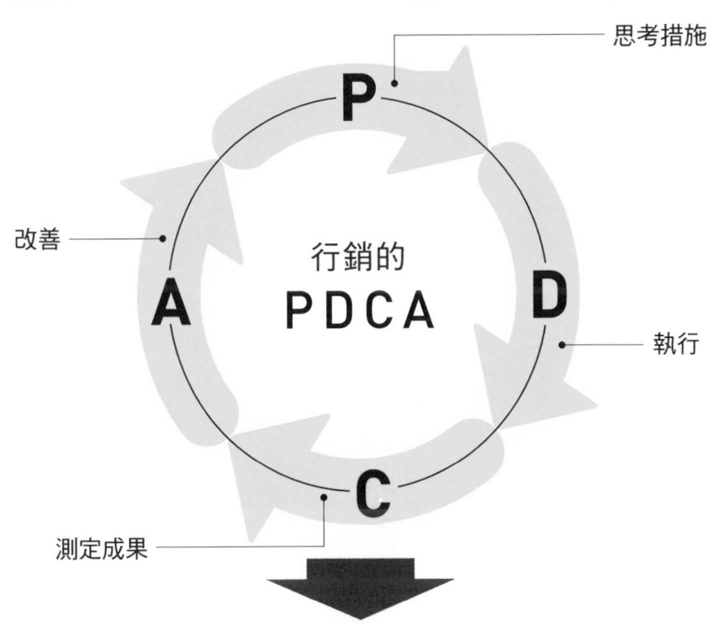

失敗就作罷，成功就繼續投資

03 運用行銷設計圖，描繪公司的未來

不接轉包案並減少業務員，就能提高每位員工的平均營業毛利

最後，筆者想再次跟各位談談「行銷設計圖」的必要性。首先，麻煩你拋開「因為是大企業才賺得了錢；因為是中小企業才賺不了錢」這種思維。由於工作的關係，筆者常有機會看到上市企業的財務報表，當中值得注意的KPI*2就是「每位員工的平均營業毛利」。中小企業必須提高這個KPI的原因是，如果每位員工的平均營業毛利很低，要投資未來就很困難，也無法提高從業員的滿意度。營業額與營業淨利的確都很重要，但以兩者的絕對金額來看，只看得見企業的「規模」，看不見「本質」。事實上，那些看起來很厲害的上市企業當中，「每位員工的平均營業毛利」很低的公司並不罕見。我們中小企業應該重質不重量。

若以這種觀念為前提的話，無論何種企業，想賺錢就只能①增加毛利以及②縮減固定費用了。要實現①，就是不接轉包案。如果能成為總承包商，要控制售價就不難了。要實現②，有效的做法就是裁減業務人員。物資氾濫的現代，已不是單靠人力就能賣出商品的時代。削減人事費就能壓縮固定費用，而多出來的預算就投資在「行銷設計圖」的建構上。

筆者的公司在2020年3月，向約莫3,800家上市企業發送直郵廣告，結果獲得39家公司的反應。雖然還無法預測能得到多少LTV，不過筆者可以很肯定地告訴各位一件事：沒有比行銷更有趣的遊戲了，努力必定能得到成果。公司的未來，就擔負在各位讀者的肩上。期盼你能建構獨一無二的「行銷設計圖」，使公司的業績突飛猛進。

---

*2　Key Performance Indicator的縮寫，即關鍵績效指標

▶ 圖10-3 採用「行銷設計圖」後利潤率上升，企業價值提高

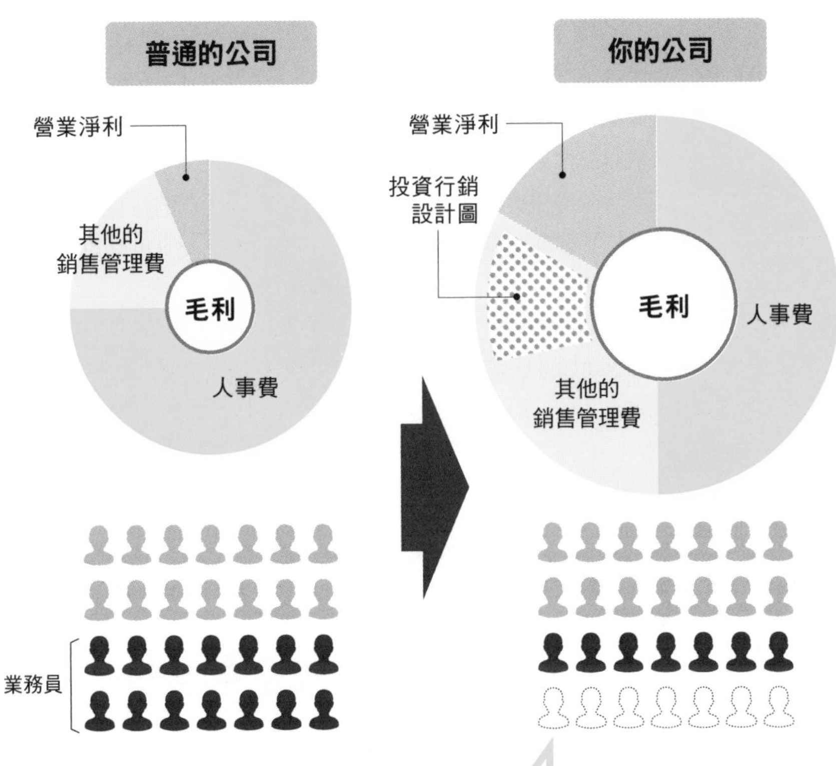

採用「行銷設計圖」後的變化

1. 使用「行銷設計圖」，建立自動招攬潛在客戶的機制
2. 從轉包商變成總承包商，能夠控制售價
3. 營業額增長，營業毛利也隨之增加
4. 削減業務員的人事費，固定費用因而大幅減少
5. 每位員工的平均營業毛利增加，因此回饋到員工的薪水上
6. 員工滿意度提高，營業淨利也增加，企業價值因而提升

結語

實現夢想的1封直郵廣告
行銷也能改變人生

隨著新冠肺炎疫情擴大，安倍首相在2020年4月7日發布緊急事態宣言。當時，我正好剛開始撰寫這本書。我的公司也大幅改變了勞動方式，例如運用雲端服務在家工作、透過網路會議系統洽談生意或開會等等。據說這次的新冠肺炎疫情，導致日本陷入更勝於泡沫經濟破滅與雷曼兄弟破產事件的不景氣狀態，不過該說是「因禍得福」嗎，這確實也是讓我重新思考公司未來走向的機會。等疫情結束後，商業環境多半不會恢復原狀了吧。但我認為，對認真經營事業的企業老闆而言，商機反而擴增了。

話說回來，這本《高獲利行銷實務課》是我的處女作，原始構想誕生於2019年的黃金週。之後經過1年數個月的時間，本書才終於得以問世。不過，我又不是大企業的經營者，只是個籍籍無名的中小企業老闆，究竟是如何出版這本書的呢？

答案就在於1封直郵廣告。

---

①到東京的大型書店，調查發行商業書籍的出版社並記下資料（建立潛在客戶名單）

②設定潛在客戶（出版社的編輯）的人物誌，並將寫書的點子整理成1份企劃書（創意）

③郵寄企劃書給50家出版社（郵寄DM、提供物）

④得到4家出版社的反應，接觸其中3家出版社（轉換、洽商）

⑤跟三者當中的翔泳社簽約（成交）

「出書」是我15年來的夢想，當初若是沒寄直郵廣告，本書應該就不會誕生了。說得誇張一點，行銷技能不只能創造潛在客戶，還可用來實現夢想、改變人生。

建構「行銷設計圖」之前，先了解廣告的本質！最好要注意的10個重點

網路普及於一般消費者已有25年以上的時間，由於網路購物盛行，社群網站滲透生活，而且除了個人電腦之外，還多了智慧型手機與平板電腦等裝置，導致每天獲得的資訊量不斷增長。網路行銷成為廣告產業的主戰場，企業客戶不知道該從何下手。正因為現在是這樣的時代，建議各位不妨刻意停下腳步，冷靜地縱觀公司內部的現狀，以及廣告與製作物的發包對象。相信你一定會發現弱點或課題。

寫這篇「結語」時，我重讀了一本書。

那本書就是在世界各國展開廣告事業的奧美公司（Ogilvy）創辦人——大衛．奧格威（David Ogilvy）的經典名著《一個廣告人的自白》（Confessions of an Advertising Man，暫譯）。這是一本不朽名作，不只介紹創作廣告的發想方法與Know-How，以及廣告產業的現狀與課題，還提及客戶的立場。該公司在美國原本是以B2C大企業為目標對象的廣告代理商，不過重新讀了一遍後，我不禁覺得該書與本書想表達的精髓，在本質上是很相似的。

因此，我根據該書當中特別令自己印象深刻的部分，整理出在建構「行銷設計圖」時，最好要注意的10個重點。

①廣告的目的是「販售商品」

取悅客戶的廣告似乎很受歡迎，但廣告本來的目的，是販售商品。因此，沒必要追求與眾不同、獨特的表現手法，也沒必要讓創意產業嘆為觀止（此外也沒必要以廣告大獎為目標）。

②廣告的目的是「持續賣出商品」

就算利用廣告吸引客戶購買商品，粗劣的商品是不可能再度賣出的。另外，只因為負責人覺得「看膩了」，就下架成功的廣告更換成新廣告，是愚蠢至極的行為。我心目中的理想廣告是「竹本鋼琴」的電視廣告。就算播出超過20年，至今依然非常有效果。

③民主的行銷活動通常會失敗

如果傾聽大家對於商品的意見，並且全都採納的話，就無法實現犀利又有威力的行銷。

④不冒險就無法獲得成果

世上並不存在一定會成功的行銷活動。重要的是，要用寬廣的視野尋找可能性，並以小額預算輕鬆地踏出第一步，還要為失敗的情況準備好下一個手段。

⑤不可忽視「文字」

最近的趨勢，就是講究影片或漫畫等視覺表現，卻不重視內容。視覺只是手段。客戶之所以不看文章，是因為文章按賣方的邏輯寫成，無聊乏味。只要以文字承諾客戶能得到的利益或好處，反應一定會增加。

⑥創作成功的廣告需要「技術」與「努力」

我並不是說，創作廣告不需要發想力與嶄新的點子、企劃力與構想力，但商品能賣出多少，取決於了解客戶與商品的技術與努力。

⑦只要換個表現手法業績就能翻漲10倍

明明是相似的商品，品質與價格也差不多，但有的公司賣得出去，有的公司卻賣不掉。兩者的差異，就在於廣告與行銷手法。

⑧只要某項商品成功，其他商品也會成功

成功售出商品的實績與Know-How，也可以應用在其他商品上，所以不難預測未來的業績。這是公司的無形資產。

⑨廣告的內容不可複雜

1個廣告活動所包含的資訊量，要盡量整理得簡潔一點。一次表達許多內容，或者對象範圍過廣，都會模糊焦點，難以打動客戶的心而導致失敗。

⑩發包給可靠的協力公司

雖然有些問題確實出在承包的協力公司本身，但也有不少情況是發包方式有問題。例如公司網站發包給A公司，SEO對策發包給B公司，關鍵字廣告發包給C公司，小冊子類發包給D公司……乍看是分散風險，實際上卻是面臨「賣不掉的風險」。若沒掌握全貌就增加發包對象，便無法正確評估成本效益與優先順序等項目，從而沒辦法達成整體最佳化。

因此，本公司在提供運用「行銷設計圖」的顧問諮詢服務時，都會建議客戶先學會縱觀全貌。

廣告與行銷的目的，說到底就是「販售商品」。網站與小冊子只是手段。希望各位在建構設計圖時，不要忘了這一點。

「創造客戶」的本質，是經歷種種失敗最終邁向成功的過程

企業的目的，在於創造客戶——

這是彼得·F·杜拉克的名言，而「創造客戶」是經營領導者才做得了的工作。

經營者確實有各式各樣的工作，例如建立組織、財務、投資、環境整備等等。但是，如果沒有客戶，事業本身就無法成立。行銷就是創造客戶的活動。

我本身是在創業以後，才以一名經營者的立場面對這個課題。不僅讀了許多著作，也參加許多講座。就連通勤時間也會聽語音教材學習。在這段學習過程中我感覺到，學者與顧問的知識見解，以及使用框架且只適用於大企業的行銷理論，其實沒什麼好參考的。因為我覺得，這些知識與理論都欠缺了認真面對事業的經營者與實務家，或是在這個領域探究的專家，花了十幾年或數十年才終於得到的「本質」。

不過，多數的成功經營者都有個共同點，就是會主動展開行動創造新市場。換言之，少了行銷，企業就不可能成長（雖說也有經營者沒意識到自己做的就是行銷……）。而且，他們大多都是跳脫「沒有前例」、「做了也沒用」這類先入之見，經歷種種失敗，最後終於成功獲得客戶需求。我認為，這段化失敗為力量努力邁向成功的過程，正是行銷的本質。

相信貴公司推出的商品，一定是很棒的產品或服務。

但是，如果潛在客戶不知道它的好，商品價值就形同不存在。

假如閱讀本書，能夠讓你掌握到「創造客戶」的線索，身為作者，沒有比這更開心的事了。

《謝辭》

首先，感謝翔泳社的多田實央小姐與秦和宏先生，細心協助第一次出書而搞不清楚狀況的我。如今回想起來，那份隨著直郵廣告一起寄出的企劃書，其實很粗糙又自以為是。後來因為採納了兩位的意見，這本書才蛻變成連我自己都覺得很有條理的作品。

本書的精髓、構成「行銷設計圖」的6大要素，都是在經營管理公司的過程中誕生出來的。我要借這個地方，向努力執行每日的業務，並且為本公司的行銷活動盡一份心力的全體員工致謝。真的很謝謝各位，願意跟我這個任性的老闆一同前進。

再來要感謝的是，當我在週末假日寫書時，總是於一旁默默守護的妻子香織。因為我連吃午餐的時間都捨不得浪費，她每天都會幫我準備便當，那股其他地方吃不到的滋味，比任何一家高級餐廳的料理都要美味。

最後，我要感謝在故鄉高知過著平靜生活的父母——昭一郎與多美子。到了這個年紀後，我終於能夠體會，含辛茹苦地將我與弟弟拉拔長大的雙親，對我們的愛有多深了。到東京念大學、轉換跑道、創業，無一不讓他們操心，但不成熟的我能夠一步步前進，都要歸功於兩人的支持。

本書問世的2020年，因新冠肺炎疫情擴大，致使日本面臨重大的轉捩點。

不過，「招攬潛在客戶，讓他們感受到價值，然後販售商品」這項業務銷售活動，是絕對不會有所改變的。

我想聲援在嚴苛的商業環境下，仍努力創造及販售出色商品的你。

真的很感謝你閱讀本書。未來我們也要一同貢獻社會喔！

《参考資料》

《小予算で優良客戸をつかむ方法》神田昌典著，1998年（鑽石社）
《あなたの会社が90日で儲かる！》神田昌典著，1999年（Forest出版）
《社長、「小さい会社」のままじゃダメなんです！》石原明著，2006年（Sunmark出版）
《売上2億円の会社を10億円にする方法》五十棲剛史著，2005年（鑽石社）
《ウェブマーケティングという茶番》後藤晴伸著，2016年（幻冬舍）
《ドラッカーに学ぶ「ニッチ戦略」の教科書》藤屋伸二著，2016年（Direct出版）
《10倍売る人の文章術》Joseph Sugarman著，金森重樹譯，2006年（PHP研究所）
《マーケティング脳 vs マネジメント脳》Al Ries、Laura Ries著，黒輪篤嗣譯，2009年（翔泳社）
《成約のコード》Chris Smith著，神田昌典監修，齋藤慎子譯，2018年（實業之日本社）
《使える 弁証法》田坂広志著，2005年（東洋經濟新報社）
《小さな会社★儲けのルール》竹田陽一、栢野克己著，2002年（Forest出版）
《マネジメントへの挑戦 復刻版》一倉定著，2020年（日經BP）
《つまらないことのようだけどとても大切な経営のこと》木子吉永著，2006年（ASA出版）
《儲かる「商社ポジション経営」のやり方》北上弘明著，2017年（SELUBA出版）
《大富豪の起業術（上・下）》Michael Masterson著，小川忠洋監譯，2011年（Direct出版）
《すぐに利益を急上昇させる21の方法》Brian Tracy著，瑞穂のりこ譯，2004年（東洋經濟新報社）
《「夢のリスト」で思いどおりの未来をつくる！》Brian Tracy著，門田美鈴譯，2005年（鑽石社）
《経営者の教科書》小宮一慶著，2017年（鑽石社）
《ある広告人の告白 [新版]》David Ogilvy著，山内あゆ子譯，2006年（海與月社）

索引

著者簡介

中野道良

Ad.Band股份有限公司　代表董事

1970年出生於日本高知縣。明治大學理工學院建築系畢業。起先在印刷公司擔任照相製版技術員，而後為了成為平面設計師進入專門學校就讀。進修期間曾在餐飲店與輸出中心打工，之後進入設計製作公司。承接廣告代理商與大型印刷公司的轉包案，企劃與製作企業及教育機構的宣傳冊。任職9年半，是老闆的得力助手。2005年自行創業，成為自營業主。2006年，成立Ad.Band股份有限公司。採取不接轉包案，100%直接銷售，而且不僱業務員的獨特體制，以上市企業為主要對象陸續開拓客戶。最大的優勢在於運用「行銷設計圖」的獨特行銷方式。不僅利用關鍵字廣告與自有媒體實施網路行銷，也使用寄送直郵廣告與通訊報等印刷品的傳統手法，提出了解客戶的心理、促進客戶行動的廣告創意。目前以「廣告與公關的創作夥伴」之立場，支援企業成長茁壯。

https://adband.jp/

高獲利行銷實務課

小公司及個人品牌都應該知道的B2B集客密技

2021年6月1日初版第一刷發行

著　　者　中野道良
譯　　者　王美娟
編　　輯　劉皓如
特約美編　鄭佳容
發 行 人　南部裕
發 行 所　台灣東販股份有限公司
＜地址＞台北市南京東路4段130號2F－1
＜電話＞(02)2577－8878
＜傳真＞(02)2577－8896
＜網址＞http://www.tohan.com.tw
郵撥帳號　1405049－4
法律顧問　蕭雄淋律師
總 經 銷　聯合發行股份有限公司
＜電話＞(02)2917－8022

國家圖書館出版品預行編目(CIP)資料

高獲利行銷實務課：小公司及個人品牌都應該知道的B2B集客密技/中野道良著；王美娟譯. -- 初版. -- 臺北市：臺灣東販股份有限公司, 2021.06
240面；14.8×21公分
ISBN 978-626-304-624-5(平裝)

1.行銷學 2.行銷策略

496　　110006755